전쟁이라는 세계

전쟁이라는 세계

최영진 지음

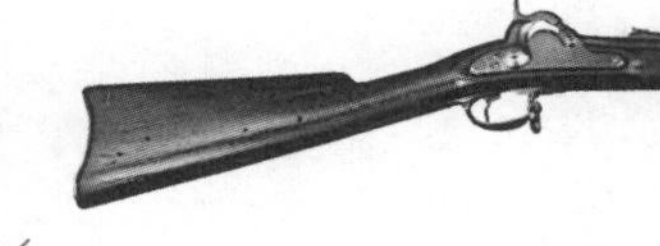

한 정치학자의 현대 군사 고전 읽기

한겨레출판

누구나 시절인연이 있다.

나에게도 선영이 축복처럼 다가왔다.

PART 4 지휘관이 중요하다

PART 5 미래의 전쟁, 전쟁의 미래

PART 6 전쟁의 역사

공부하는 군인이 잘 싸운다

인생은 계획대로 되지 않는다. 20년 전 나는 훗날 내가 이런 책의 서문을 쓰리라고 상상조차 못 했을 것이다. 체질적으로 리버럴한 데다가 80년 광주의 기억으로 군대에 대한 거부감이 컸다. 군대에 가서 장교들에게 좋은 감정을 갖게 되었지만, 그렇다고 전공으로 택할 수 있는 것도 아니었다. 직업군인을 제외하고 군대나 전쟁을 전공하는 정치학과 학생은 매우 드물다. 이유는 간단하다. 민간 대학에서 군사학을 가르치는 곳이 없기 때문이다. 교육 과정이 없는데 일자리가 있을 리 만무하다. 역사학에서 특정 전쟁의 역사를 전공하는 사람이 있기는 하다. 그렇지만 전쟁과 군대를 체계적으로 연구하는 것은 아니다. 굳이 영역으로 따지면 군사학은 정치학의 하위 분과인 국제관계학International Relations에서 다루는 주제다. 전쟁은 내 전공인 한국정치와 아무런 관련이 없는 주제였다.

이런 내가 전쟁의 세계에 눈길을 돌리게 된 것은 어쩌면 운명 같은 일이었다. 첫 번째 만남은 '한국전략문제연구소'였다. 필자의 지도교수였던 김동성 교수님이 이 단체에 관여하고 있는 바람에 자연스럽게 이런저런 연구에 참여하게 되었다. 연구소 설립자이자 소장이었던 홍성태 장군의 비범한 태도를 보면서 진짜 군인은 저런 모습이겠구나 하는 생각이 들었다. 국방 관련 연구를 해보라는 종용이 있었지만 그럴 마음은 없었다.

두 번째 인연도 우연하게 이루어졌다. 2002년 육군에서 지상군 페스티벌을 개최하면서 '대학생 안보토론대회'가 만들어졌다. 사관생도와 민간 대학생 간에 소통의 기회를 만들고 대학생의 안보 의식도 고취하는 것이 목표였다. 내가 재직하는 대학으로 참여 요청이 왔고, 삼십·대 젊은 교수를 지도교수로 위촉해달라는 꼬리표가 붙었다. 당시 학과에서 막내 교수였던 나에게 이 과업이 떨어졌다. 군대와 무관하게 살아왔던 사람에게 느닷없이 국방과 안보 토론을 지도하라니, 어이가 없었지만 따를 수밖에 없었다. 이때 만났던 분이 나중에 국방부 장관을 지낸 한민구 장군이다. 군인이 저렇게 유연하고 지적일 수 있나 싶었다. 조선 시대 문인 장수의 모습을 보는 듯했다.

학생을 지도하려면 공부해야 한다. 잘 모르면서 지도할 수 없는 노릇이다. 그렇게 조금씩 공부를 시작했다. 처음에는 학생들의 발표주제를 중심으로 이런저런 자료를 찾아보다가 조금씩 전쟁의 세계에 매료되었다. 사실 서양의 문학과 역사는 모두 전쟁에 관한 이야기다.

고대 희랍의 서사시《일리아스》는 트로이 전쟁에 참전한 전사들의 이야기다. 서사시는 아킬레우스가 자신의 전리품을 빼앗아간 아가멤논에게 분노를 품으면서 시작한다. 역사학의 기원을 연 헤로도토스의《역사》는 페르시아 전쟁을 다루고 있고, 투키디데스의《펠로폰네소스 전쟁사》는 말 그대로 아테네와 스파르타의 30년 전쟁을 다룬다. 동양도 크게 다르지 않다. 동양 철학의 절정인 제자백가諸子百家는 아이러니하게도 전쟁이 난무한 춘추전국시대에 만개했다. 이 시기를 다룬 사마천의《사기》는 전쟁의 역사라 해도 과언이 아니다. 동양인이 즐겨 읽는《삼국지》는 또 어떤가. 수많은 영웅호걸이 펼치는 대서사시에 잠을 설치기 일쑤였다.

이렇게 시작된 전쟁 공부는 또 다른 우연과 만나면서 예기치 않은 방향으로 흘러갔다. 10여 년 전 나는 '정치와 예술'이라는 과목을 강의하고 있었다. 전공과목을 좀 더 재미있게 가르치자는 취지와, 어릴 때부터 미술에 관심이 많았던 개인적인 취향이 반영된 것이었다. 서양 미술사에는 전쟁에 관한 그림이 아주 많이 등장한다. 서양사 자체가 전쟁의 역사라고 해도 과언이 아닐 만큼 전쟁이 많았고, 왕실이나 나라마다 선조의 영광을 과시하기 위해 미술 작품을 그리게 했기 때문이다. 거시적인 관점에서도 전쟁과 정치를 분리할 수 없었다. 역사의 중요한 변곡점에는 꼭 전쟁이 있었다. 그렇게 전쟁 그림이 내 관심 영역으로 들어오기 시작했다.

사람은 알면 말하게 되어 있다. 특히 군인들을 만나면 전쟁 그림은 좋은 이야깃거리였다. 다행인지 불행인지 군인들은 예술에 대해 놀라울 정도로 문외한이었다. 휴대전화로 그림을 보여주며 그림에 등장하는 사람들이 누구인지, 이렇게 그려진 이유가 무엇인지를 설명해주면 감탄했다. 술좌석의 안줏거리가 글로 변신하는 데 그리 오랜 시간이 걸리지 않았다. 《국방일보》에서 흔쾌히 지면을 내주었다. 기획 연재 '최영진 교수의 전쟁과 미술'은 그렇게 시작되었고, 이 글을 모아 낸 책이 《한 손에 잡히는 전쟁과 미술》이다.

공부는 꼬리에 꼬리를 문다. '전쟁과 미술'을 집필하면서 좀 더 깊이 있는 공부가 필요했다. 단순히 전투의 배경만 안다고 되지 않았다. 그들이 왜 그렇게 싸웠는지, 전쟁의 승부를 가른 이유는 무엇인지, 그림을 이해하기 위해 공부해야 할 것이 많았다. 문제는 국내에 참고할 문헌이 거의 없다는 사실이었다. 국내 연구물은 말할 것도 없고 번역서도 변변찮았다. 더 큰 문제는 어떤 책부터 읽어야 할지 막막했다는 점이다. 그래서 두드린 곳이 외국의 사관학교와 국방대학원 같은 곳이었다. 다행스럽게 이런 곳에서 묵직한 도서 목록을 제공하고 있었다. 미국 육군사관학교(웨스트포인트)와 영국 육군사관학교(샌드허스트)의 도서 목록을 중심으로 중복 추천된 책들을 추려서 읽기 시작했다.

전쟁은 한국군이나 미군이나 다 똑같이 하는 줄 알았다. 그러나 나라마다 시대마다 다른 전쟁 방식으로 싸운다는 것을 알게 되었다.

최신 무기만 있으면 전쟁에서 이기는 줄 알았는데, 무기보다 더 중요한 것이 작전술과 전술적 역량이라는 것을 배웠다. 병력의 규모는 그리 중요하지 않다는 것도 역사적 진실이었다. 전쟁을 "안개"로 비유한 클라우제비츠의 표현에 매료되었고, "전쟁은 다른 수단에 의한 정치의 연속"이라는 그의 정의가 얼마나 자주 외면되었는지도 알게 되었다. 그 어떤 전쟁도 사전에 예견된 대로 진행되지 않았으며 수많은 우발적 선택과 우연이 작용했다. 제2차 세계대전의 주전장은 노르망디 전선이 아니라 독일과 소련이 싸웠던 동부전선이었다. 그리고 세계 최강이라 믿었던 미국이 제2차 세계대전 이후 크고 작은 전쟁에서 딱 한 번의 예외를 제외하고 국력에 걸맞은 성공을 이루어내지 못했다는 당혹스러운 사실도 알게 되었다. 더 놀라운 것은 많은 전문가들이 개전 초기부터 미국의 실패를 예측했었다는 점이다.

공부의 매력은 바로 이런 것이다. 내가 가지고 있던 통념이 깨지면서 파열음이 일었고, 새로운 각성의 즐거움이 동반되었다. 좋은 책이 많은데 제대로 알려지지 않은 것이 안타까웠다. 그렇게 해서 2017년 1월부터 '현대 군사명저를 찾아'란 이름으로 《국방일보》에 연재를 시작했다. 매주 한 편씩 국내외 현대 군사 명저를 소개하는 일을 꼬박 1년간 진행했다. 2018년부터는 뜻을 같이하는 분들과 집필을 분담했다. 이 기획이 지금은 '최신 군사학 연구동향'으로 이어지고 있다.

이 책은 '현대 군사명저를 찾아'에 기고한 글 가운데 일부를 추린 것이다. 그동안 소개한 책이 모두 70권이 넘는다. 그 가운데 50여 권은 미국이나 영국의 사관학교에서 필독서로 추천하는 것이다. 나머지는 개인적인 관심과 한국적 필요성에 따라 선정했다. 그것을 다시 추려서 36편을 6개 부로 묶었다. 이 글들은 각기 다른 주제와 쟁점을 다루고 있지만, 하나의 문제의식을 공유하고 있다. '공부하는 군인이 잘 싸운다'는 것이다.

솔직히 말해서 전쟁 공부를 처음 시작할 때부터 이런 생각을 한 것은 아니었다. 지난 20여 년간의 공부 끝에 내린 나름의 결론이다. 탁월한 전과를 거둔 장수들은 모두 뛰어난 지장이었다. 알렉산드로스 대왕은 아리스토텔레스의 제자였고 머리맡에 늘 책이 있었다. 카이사르는 간결하고도 우아한 문체의《갈리아 원정기》를 남겼다. 프리드리히 2세는 볼테르와 교신할 정도로 높은 식견을 가졌고, 나폴레옹은 어린 시절에 독서광이었다. 19세기에 30년간 독일군 총참모장을 하면서 독일군을 세계 최강으로 만든 이가 헬무트 폰 몰트케인데, 그는 교과서에 글이 실릴 정도로 뛰어난 문필가였다. 미국 남북전쟁을 승리로 이끈 율리시스 그랜트를 비롯하여 현대전을 빛낸 장군치고 뛰어난 자서전을 남기지 않은 이가 없다. 걸프전 당시 '73 이스팅' 전투의 주인공 허버트 맥마스터가 영관장교 시절에 집필한《의무의 방기》는《뉴욕타임스》베스트셀러가 되었다. 트럼프 행정부에서 국방부 장관을 역임한 제임스 매티스는 '수도승 전사'라 불릴 정도로 철저히 지성주의 장군이었다. 그는 늘 "지휘하기 위해 공부해야 한다"고 말했다.

공부하는 군인이 잘 싸우는 이유는 전쟁의 본질 때문이다. 인류사 그 어떤 전투도 막무가내로 싸워서 이긴 적이 없다. 전력이 약할수록 머리싸움에서 이겨야 한다. 총체적 군사력이 아니라 국지적 우세를 확보하는 것이 언제나 중요했다. 이순신 장군이 일구어낸 전승의 비법도 이것이다. 전략과 작전에서 적을 압도하면 승리의 가능성은 커진다. 상대가 어떻게 싸울지를 정확하게 파악하고 있다면 이기는 방법도 있기 마련이다. 《손자병법》에서 "선승구전先勝求戰" 즉 "이겨놓고 싸움을 벌인다"는 구절이 바로 이것을 말한다.

공부하는 군대가 잘 싸운다는 주장이 맞는다면 우리가 군사력을 양성하는 기준과 방법도 바뀌어야 한다. 우선 사람 중심의 군대를 만들어야 한다. 유능한 군인을 만드는 데 더 많은 관심과 배려가 필요하다. 무기가 중요하지 않다는 것이 아니다. 첨단무기도 필요하고 더 많은 전차와 항공기도 필요하다. 그러나 무기는 군인의 유능함을 전제로 할 때만 의미가 있다. 어떤 전쟁도 무기 때문에 승패가 결정된 적은 없다. 병력의 규모가 결정 요인이 아니다. 유능한 장수가 자신의 무기와 병력을 효과적으로 사용했기 때문에 승리할 수 있었다.

특히 훌륭한 장교단을 양성하는 일이 중요하다. 대부분의 육군 장교들은 소령 때 전술학을 공부하는 육군대학 과정을 마치면 거의 20년 동안 특별한 교육 기회를 받지 못하고 장군으로 진급한다. 대단히 소수의 장교만 위탁 교육의 혜택을 받는다. 해외에 나가는 경우가 무척 드물다. 문제는 이렇게 교육 혜택을 받은 사람일수록 진급에 밀린다는 점이다. 40년 군 복무 동안 한 번도 해외에 나가보지 못했다고 해서 화제가 되었던 이순진 전 합참의장의 사례는 우리 장교단의 안타까운 모습이다. 정말 국가안보를 중요하게 생각한다면 이를 책임지고 있는 장교단을 더 많이 지원하고 더 수준 높은 교육 기회를 부여해야 한다. 미군처럼 복무기간의 3분의 1까지는 아닐지라도 5분의 1이나 6분의 1 정도는 자기 개발과 전문성 심화를 위해 공부할 수 있도록 해주어야 한다. 전차 몇 대, 항공기 몇 대를 덜 구입하더라도 장교단 교육에 투자해야 한다.

군대에서 좋은 사람들을 많이 만났다. 내가 지금도 군에 대해 호의적인 감정을 갖고 있는 것은 그곳에서 만난 좋은 장교들 때문이다. 자신감 넘쳤던 김행모 대대장과 작전장교였던 윤호섭 대위를 잊을 수 없다. 윤 대위만 생각하면 마음이 애잔해진다. 그리고 알게 모르게 나를 챙겨준 김승배 대위도 있다. 훌륭한 군인들이었고, 참 좋은 사람들이었다.

그다음 만났던 분들은 홍성태, 한민구 장군이었다. 이때부터 내 장군 복이 터졌다. 이후로 많은 군인들을 만났고 많은 것을 배웠다. 무엇보다 한국군 장교들이 얼마나 괜찮은 사람들인지를 알게 되었다. 몇 분만이라도 고마움을 표하지 않을 수 없다. 관후함과 지혜로 가득 찬 방효복 성우회 사무총장, 국가 안보의 파수꾼 정승조 한미동맹재단 이사장, 카리스마 넘치는 진짜 군인 박종성 장군, 공부하는 군인 주은식·권영근 박사, 한국의 클라우제비츠 류제승 장군, 한국안보협업연구소의 최차규 이사장과 김희철 소장, 화랑대를 지켜온 최병로, 김완태, 정진경, 김정수 장군 모두 고마운 분들이다. 그리고 격의 없는 자리를 함께 해온 서욱 국방부 장관과 짧은 만남에도 깊은 인상을 남겼던 남영신 육군 참모총장의 호의에도 감사의 마음을 전한다. 군을 아는 사람이라면 내가 얼마나 운이 좋았는지 눈치챘을 것이다. 이분들이야말로 한국군을 대표하는 지장이자 덕장이다.

책 한 권 만드는 데 많은 사람의 정성이 필요하다. 무엇보다 이 책의 출간을 제안해준 권순범 편집자에게 감사한다. 그가 원고를 정리하고 체계를 잡아주지 않았다면 이 책의 탄생은 불가능했을 것이다. 2017년부터 현대 군사 명저를 소개할 기회를 준《국방일보》의 배려를 잊을 수 없다. 당시 원장이었던 이붕우 장군과 정남철 팀장, 이영선 기자에게 정말 고맙다는 인사를 전한다. 마지막으로 일일이 이름을 밝히지 않았지만 내가 얼마나 당신을 좋아하고 고마워하는지를 잘 알리라 믿는다. 모두들 늘 건강하고 행복하길 기원한다.

2021년 4월
흑석동 연구실에서

PART

1

전쟁이란 무엇인가

*

20세기 이후 여덟 개의 주요 전역을 다루면서 저자가 내린 결론은 "20세기에는 전쟁을 시작한 어떠한 국가도 승리하지 못했다"는 것이다. (…) 아무리 압도적인 전력을 갖고 있다고 해도 결전 의지로 무장하고 저항하는 게릴라를 완전히 제압하기란 불가능에 가깝다.

전쟁은 어떻게 일어나는가

존 스토신저 지음, 《전쟁의 탄생》, 임윤갑 옮김, 플래닛미디어, 2009년.
John G. Stoessinger, *Why Nations Go to War*, St. Martin's Press, 1974.

전쟁은 어떻게 일어나는가? 평화를 염원하는 많은 이들이 부단히 탐색해온 주제다. 그러나 인류는 여전히 만족할 만한 답을 찾지 못하고 있다. 전쟁의 원인과 과정은 너무 개별적이어서 보편적인 답을 제시하기 어렵다는 것이 전문가들의 주장이다.

전쟁의 원인과 전개 과정에 대한 연구는 인류의 역사 연구와 같이 시작됐다. 역사학의 기원으로 인정받는 헤로도토스의 《역사》(기원전 440년경)나 투키디데스의 《펠로폰네소스 전쟁사》(기원전 410~400)는 모두 당시의 전쟁 기원과 전개 과정을 다루고 있다. 동양에서도 마찬가지다. 손무(손자라고도 한다)의 《손자병법》은 기원전 500년경 집필되어 통치자들의 필독서로 읽혔다. 《삼국지》 또한 통치자들의 손을 떠나지 않았다. 전쟁을 모르고는 국가를 책임질 수 없었기 때문이다.

이렇게 오래된 주제에 대해 우리가 만족할 만한 대답을 갖지 못한 원인은 무엇일까. 많은 연구자들은 전쟁의 복잡성에 기인한다고 지적한다. 6·25전쟁에도 참가한 국제정치학자 케네스 왈츠Kenneth Waltz는 전쟁의 다양한 원인을 호전적 인간 본성, 팽창적 국내 체제, 무정부적 국제 체제의 세 가지로 정리했지만, 전쟁의 수많은 원인과 경로에 대해 '과격한 단순화'라는 비난에서 자유롭지 못하다.

무엇이 전쟁을 일으키는가

그럼에도 존 스토신저의 주장은 단호하고 확신에 차 있다. 20세기 이후 여덟 개의 주요 전역을 다루면서 저자가 내린 결론은 "20세기에 전쟁을 시작한 어떠한 국가도 승리하지 못했다"는 것이다. 두 차례 세계대전(1차 대전은 1914~1918, 2차 대전은 1939~1945)을 일으킨 독일은 항복했고 히틀러는 자살했다. 일본 역시 패전의 책임을 져야 했고 1950년 불법 남침한 김일성 역시 적화통일을 이루지 못했다. 베트남전쟁(1960~1975)에 뛰어든 미국은 지독한 열패감에 시달려야 했다. 아랍 국가들은 이스라엘을 네 차례(1948, 1956, 1967, 1973)나 공격했지만 자신의 영토만 빼앗겼다. 1965년 여성 총리를 우습게 보고

인도를 공격했던 파키스탄은 방글라데시를 잃었다. 쉽게 이길 것으로 생각하고 이란(1980~1988)과 쿠웨이트(1990)를 공격했던 이라크의 사담 후세인은 그 어느 전쟁에서도 승리하지 못했고, 인종청소를 벌였던 세르비아의 밀로셰비치도 비참한 말로를 피하지 못했다. 이라크나 아프가니스탄에서 미국의 운명 역시 그리 분명하지 않다. 전쟁은 끝났지만 3000명 이상의 미국인이 목숨을 잃었고 2만 명이 부상했다. 또한 4만 명의 이라크인이 죽었고 전쟁 비용만 1조 달러를 훌쩍 넘어섰다. 그럼에도 이라크는 여전히 내전 중이다.

개전의 책임과 승리를 어떻게 정의할 것인가에 대해 합의하기 어려운 점이 있지만, "20세기에 전쟁을 시작한 어떠한 국가도 승리하지 못했다"는 존 스토신저의 결론은 매우 중요한 의미를 내포하고 있다. 우선, 전쟁을 감행하려는 이들에게 던지는 묵직한 경고다. 아무리 압도적인 전력을 갖고 있다고 해도 결전 의지로 무장하고 저항하는 게릴라를 완전히 제압하기란 불가능에 가깝다. 베트남에서 미국, 아프가니스탄에서 소련이 경험한 참혹한 실패가 이를 증명한다. 그리고 다시 이라크와 아프가니스탄에서 이런 일이 반복되고 있다.

더욱 중요한 의미는 실패할 전쟁을 왜 일으키는가 하는 점이다. 스토신저는 국가 지도자의 성격과 잘못된 인식perception에 초점을 맞추고 있다. 전쟁 발발에는 많은 요인이 작용하고 있지만 궁극적으로 전쟁을 결정하는 것은 정책 결정자들이기 때문이다. 전통적으로 전쟁의 원인으로 간주되어왔던 민족주의, 군국주의, 또는 동맹 체제와 같은 추상적인 힘의 역할보다는 정책 결정의 당사자인 국가 지도자의 성격과 현실 인식이 전쟁 발발을 좌우한다는 것이다.

지도자의 잘못된 생각은 크게 네 가지 방식으로 이루어지면서 상호작용하게 된다. 우선, 전쟁을 일으키려는 지도자들은 자신의 힘을 과신한다. 그들은 단기 결전을 통해 승리할 수 있다고 생각한다. 가을이 되기 전에 승리하리라 자신했던 히틀러나 2개월이면 남한을 적화할 수 있다고 생각한 김일성이나 마찬가지다. 베트남에 뛰어든 미국이나 이란을 공격했던 후세인 모두 잘못된 상황 인식에 빠져 있었다.

국가 지도자의 잘못된 인식

그들은 상대에 대해서도 잘못된 인식을 하고 있었다. 상대방에 대한 불신이나 문화적 멸시는 객관적인 판단을 어렵게 한다. 베트남에서 미국은 아시아 공산주의에 대해 무지했다. 아랍과 이스라엘, 인도와 파키스탄 간의 전쟁에는 상호 경멸과 증오가 작용했다. 상대를 객관적으로 보지 못함으로써 잘못된 정책 결정을 낳게 되는 것이다.

게다가 그들은 상대가 자신을 공격할지 모른다는 두려움에 떨었다. 전쟁에 임하는 지도자가 적이 자신을 공격할 것이라고 생각한다면, 전쟁이 일어날 확률이 매우 높아진다. 그들은 상대에 대한 불신 탓에 객관적인 정보를 받아들이지 않게 된다. 제1차 세계대전 당시 독일, 오스트리아, 러시아, 영국 모두 깊은 상호 불신에 차 있었다. 상대가 선제공격할 수 있다는 두려움에 병력 총동원령을 내렸고, 이러한 사실이 상대의 두려움을 자극하면서 되돌릴 수 없는 파국으로 치달은 것이다. 이라크가 보유한 대량 살상 무기가 미국을 공격할지 모른다는 생각에 전쟁을 감행했던 미국의 사정 또한 마찬가지다.

"역사는 역사를 만들지 않는다"

적의 능력(혹은 상황)을 잘못 인식하는 것도 전쟁의 원인 중 하나다. 자신의 능력을 과대평가하는 반면 상대의 능력은 과소평가한다. 1941년 독일이 소련의 힘을 얕잡아 보았던 것과 마찬가지로, 맥아더는 중공군의 전력을 우습게 봤다. "현실에 대한 정확한 인식은 전쟁을 회피하는 반면 잘못된 인식은 전쟁을 서두르게 한다."

스토신저는 전쟁은 불가피한 것이 아니라 사람의 문제라고 단언한다. 그의 말을 들어보자. "역사는 역사를 만들지 않는다. 사람들이 외교정책을 결정한다. 이들은 지혜로운 혹은 어리석은 정책을 만든다. 전쟁 이후에 역사가들은 종종 전쟁을 뒤돌아보고 운명이나 불가피성을 이야기한다. 그러나 그러한 역사적 결정주의는 단순히 책임을 회피하기 위한 은유에 불과하다. 결국 우리의 생애에는 자유의지와 자기 결정이 있을 뿐이다."

다소 오래전인 1974년에 출판되었지만 전쟁의 원인과 발발 과정에 대해 혼란스러워하는 우리에게 지혜로운 통찰을 제공해준다는 점에서 고전적 지위를 갖고 있다. 이미 11판이나 간행되었다는 것이 이 책의 가치를 보여준다. 인상적인 문체와 뛰어난 번역 덕분에 술술 읽히는 게 큰 장점이다. 결론 부분인 10장 '국가는 왜 전쟁을 하는가'만 읽어도 핵심 내용을 파악할 수 있지만 본문을 두루 읽기를 권한다. 현대전의 발발을 이처럼 생동감 넘치게 묘사한 책도 발견하기 어렵다.

담론이 전쟁 방식을 결정한다

존 린 지음, 《배틀, 전쟁의 문화사》, 이내주·박일송 옮김, 청어람미디어, 2006년.

John Lynn, *Battle: A History of Combat and Culture*, Westview Press, 2003.

어느 시대에나 동일한 역할을 수행하는 '보편적 군인'이 존재할까? 전쟁은 군인들에게 죽음마저 불사하는 투혼과 헌신을 기대한다는 점에서 군인들에게는 어떤 보편적 자질이 있을 것 같기도 하다. 그래서 우리는 '군인은 본질적으로 모두 똑같다'고 지나치게 성급한 일반화에 도달하게 된다. 그러나 과연 그럴까?

이 책의 저자 존 린은 이 질문에 도전한다. 결론적으로 말해, 그는 "보편적 군인을 칭송하기 위해서가 아니라 무덤에 묻기 위해 나섰다"고 도발적인 주장을 펼친다. "그들을 얽매어온 보편성이라는 개념이 사장되어야만, 역사의 모든 전투에서 피땀 흘린 남녀 군인들이 얼굴 없는 동일성에서 벗어나 그들 각자가 가진 인간의 얼굴을 되찾을 수 있다"는 것이다.

전쟁 방식과 전쟁 담론

그가 이렇게 주장한 것은 역사적으로 '전쟁을 수행하는 방식'이 개념적·문화적 토양에 따라 달랐기 때문이다. 그리스 중장 보병의 전투 방식과 중세 기사들의 기마전, 그리고 현대의 테러리즘은 전혀 다른 전쟁이며 승리의 개념도 다르기 때문에 보편적 군인의 관점에서 설명하기 어렵다는 것이다. 당대 사람들이 전쟁을 어떻게 이해했고 승리를 어떻게 정의했는지에 따라 군인의 정의는 달라질 수밖에 없다는 것이 저자의 주장이다.

여기서 저자가 강조하는 것은 전쟁 방식에 깔려 있는 '전쟁 담론'이다. 시대마다 전쟁을 이해하는 '개념적 문화'가 있으며, 여기에는 전쟁(과 승리)에 대한 가치, 신념, 기대, 선입견 등이 포함된다. "전쟁 담론은 전쟁의 실제가 전쟁에 대한 그 사회의 개념(전쟁이란 모름지기 어떠해야 하는가 하는 개념)을 그대로 닮은 모습으로 나타나게 하려 애쓰기 마련이다." 전쟁 담론이 전쟁을 수행하는 방식에 깊은 영향을 줄 수밖에 없는 이유다.

그리스 도시국가들의 전쟁이야말로 전쟁 담론이 전쟁 방식을 결정지었던 대표적인 사례라 할 수 있다. 그들은 "원거리 발사 무기를 사용하지 않는다는 원칙에 합의했으며 몸으로 직접 부딪쳐 싸우는 백병전만이 결전에 합당하다고 여겼다"(폴리비오스). 그리고 실제 전투도 그렇게 벌였다. 그들은 전쟁 방식에 대한 합의를 공유하고는, 정해진 시간에 정해진 장소에서 비슷한 무장과 대형을 갖춘 중장 보병들 간의 굵고도 짧은 결전을 통해 승부를 결정지었다. 잔혹한 살육을 강요하는 전투 방식이었지만 그들은 그렇게 싸우는 것이 명예롭다고 생각했던 것이다.

그에 비해 중국에서는 '싸우지 않고 이기는 것'이 최고의 승리라는 생각이 지배적이었다(손자). 설령 싸우더라도 결전의 방식보다 더욱 효율적인 수단과 전술을 강구했다. 같은 동양권이지만 인도에서는 보다 교묘한 전쟁 방식이 강조되었다. 고대 인도의 대표적인 병법서인《아르타샤스트라Arthaśāstra》에는 적장의 암살이나 첩자의 활용, 그리고 전복 공작과 같은 음모적 방식이 상세히 나와 있다. 공개적인 전면전보다 음모, 암살, 배신과 같은 조용한 전쟁(구다유다)이 선호되었던 것이다. 같은 동양권이지만 상이한 전쟁 담론이 펼쳐졌다.

용기와 명예, 그리고 주군에 대한 충성을 강조했던 중세의 기사도 담론은 용맹함을 과시하고자 안달하는 기사들의 이야기로 가득 차 있다. '크레시 전투'(1346)에서 1만 2000여 명의 프랑스 기사들은 영국 장궁 부대의 치명적인 사격에도 불구하고 무려 15차례나 공격을 감행했다. 결과는 참담한 패배였다. 이들이 보여준 불굴의 용기와 기사도 정신은 칭송받아 마땅하지만 패배의 치욕을 씻어주진 못한다. 그다음에 벌어진 '푸에티에 전투'(1356)와 '아쟁쿠르 전투'(1415)에서도 마찬가지였다. "모든 영주들은 경험 있는 기사들의 의견을 무시하고 선봉에 서서 싸우기를 원했다." 기사도 정신으로 무장한 프랑스 기사들은 무모한 돌진의 관행에서 벗어나지 못했다.

군사적 낭만주의와 결전 개념

19세기 프랑스 혁명(1789~1794)과 나폴레옹의 등장은 새로운 전쟁 담론을 가능하게 했다. 무엇보다 국민개병제에 입각한 시민군의 탄생이 두드러진다. 미국 독립전쟁(1775~1783)에서 민병대가 보여준 애국적인 투쟁이 귀감이 되었다. 병력 규모도 수십만 명으로 늘어났다. 시민군의 자발적이고 헌신적인 태도는 유연한 전술 운용을 가능하게 했고 그 결과 전투력은 급속히 향상되었다. 이 시기 유럽인들을 사로잡았던 낭만주의 사고는 그대로 군사 담론으로 스며들었다. 기계적인 법칙을 중시하는 18세기 계몽주의와 달리 인간의 감성과 의지를 강조하는 낭만주의는 군사적 차원에서도 과학적 원리보다 인간 심리와 의지, 그리고 전투의 불확실성과 우연성을 강조했다. "전쟁에서 사기와 정신력이 4분의 3을 차지하며, 수적 요소는 단지 나머지 4분의 1일 뿐이다"라는 나폴레옹의 말도 이러한 낭만주의 담

JOHN NASH

서부전선에서 적진을 향해 돌격한 영국 군인들의 모습을 인상주의 기법으로 그린 작품. 병사들의 무기력한 모습에서 1차 대전의 소모전 양상을 느낄 수 있다. 이 대전에 유럽의 거의 모든 제국이 참전하면서 모든 전쟁과 갈등을 끝내기 위한 전쟁으로 일컬어졌다. 그러나 4년간의 전쟁으로 1000만 명 이상의 젊은이가 목숨을 잃었고 해결되지 않은 갈등은 또 다른 전쟁을 예고했다. 존 내시John N. Nash, 「돌격 앞으로Over the Top」(1918). 캔버스 유화. 79.8×108cm. 영국전쟁박물관 소장.

론의 사례다.

전쟁이 심리와 의지의 문제라면 "전쟁은 나의 의지를 상대방에게 강요하는 무력행위"(클라우제비츠)와 크게 다르지 않다. 나폴레옹이 결전을 통해 패배한 적의 의지를 완전히 꺾을 수 있음을 보여준 사건이 '아우스터리츠 전투'(1805)였다. 나폴레옹은 전투를 피하는 적을 유인해서 수적 열세에도 불구하고 전면적 결전을 통해 섬멸에 가까운 패배를 안겨주었다. 이 사건을 계기로 '결전을 통한 승리' 개념이 지배적 전쟁 담론의 지위를 갖게 되었다. 이러한 담론이 지배력을 유지하는 데에는 클라우제비츠의《전쟁론Vom Kriege》이 큰 역할을 했다.

제1차 세계대전에서 가장 이해하기 어려운 장면 가운데 하나는 지휘관이 호루라기를 불면 참호의 병사들이 일제히 돌진하다 적의 기관총탄에 속절없이 무너지는 것이었다. '솜 전투'(1916) 첫날에만 영국군 5만여 명이 사라졌다. 저자에 따르면, 이런 야만적 전술이 가능했던 이유는 당시 지휘관들이 클라우제비츠식 결전 개념을 갖고 있었기 때문이다. 전쟁사학자 존 키건John Keegan이 "클라우제비츠를 제1차 세계대전의 이념적 아버지로 여기는 것이 마땅하다"고 말한 이유이기도 하다.

우리는 어떤 전쟁 담론을 갖고 있는가

저자가 역사적 사례를 살펴보면서 강조하는 것은 '보편적 군인

18세기 계몽주의 시대를 지배했던 일렬횡대의 일사불란한 선형적 군대 운영을 보여주는 그림. 이러한 선형적 질서는 당시 지배적인 계몽주의적 전쟁 담론을 회화적으로 표현한 것이다. 그림 왼쪽에 백마를 타고 있는 인물은 프랑스 왕 루이 15세로 맞은편에 있는 드 삭스 원수에게 뭔가를 말하고 있는 모습이다. 피에르 르팡Pierre Lefant, 「퐁트누아 전투La Bataille de Fontenoy」(부분)(1747). 391×279cm. 베르사유궁전 소장.

은 없다'는 것이다. 군인들이 싸우는 방식은 해당 시대의 전쟁 담론과 깊은 연관성을 갖고 있기 때문에 문화사적 접근이 필요하다는 주장이다. 그런 점에서 빅터 핸슨Victor D. Hanson처럼 서구만의 보편적인 전쟁 방식이 존재한다는 식의 단순화는 맞지 않다.

저자의 주장을 다소 단순하게 정리하면 전쟁 담론이 전쟁 방식을 결정한다는 것이다. 지배적 전쟁 담론에서 구체적인 전략 전술이 나온다고 생각한다면, 전쟁의 승패 역시 거기서 벗어날 수 없을 것이다. 테러리즘과의 전쟁에서 실패하는 것도 전쟁(과 승리)에 대한 잘못된 전쟁 담론의 결과라는 주장은, 베트남 전쟁에서 미국의 실패 역시 잘못된 전쟁 담론의 결과라는 주장과 일맥상통한다.

이제 시선을 안으로 돌려서 우리는 어떤 전쟁 담론을 갖고 있는지 물어보자. 현대 한국인들에게 전쟁은 어떤 것인가? 어떻게 전쟁을 수행해야 할 것인가? 보다 구체적으로 우리는 얼마만큼의 희생을 감수해야 하는가? 지금까지 많은 국방 담론들이 북핵 문제에 과도하게 집중되면서 보다 근본적인 차원에서 전쟁에 대한 논의가 진행되지 못했다.

이 책의 장점은 쉽게 잘 읽힌다는 점이다. 육사 교수진의 공들인 번역 덕분이다. 서론 격인 '보편적 군인을 위한 진혼곡'과 함께 테러리즘과의 전쟁을 논의한 9장은 현재와 미래의 필요를 위해서라도 읽어보길 권한다.

인간은 왜 전쟁을 하려 하는가

아자 가트 지음, 《문명과 전쟁》, 오숙은·이재만 옮김, 교유서가, 2017년.
Azar Gat, *War in Human Civilization*, Oxford University Press, 2006.

"사람들은 왜 죽음을 부르는 파괴적인 싸움을 벌일까? 그리고 인류 역사에서 농업·국가·문명의 발전이 전쟁에 어떤 영향을 미쳤으며, 어떤 영향을 받았을까?" 이스라엘 역사학자 가트 교수는 수렵채집 시대에서 현대에 이르기까지 인류의 역사를 수놓은 전쟁을 비교 분석하면서 전쟁에 대한 거의 모든 질문에 대한 대답을 시도하고 있다.

저자가 다루고자 하는 질문은 흔히 '전쟁의 수수께끼'라 불리는 것이다. 전쟁은 인간의 본성에서 연유하는 것일까, 아니면 문화적 발명품인가? 자연 상태를 '만인 대 만인의 투쟁'으로 보았던 토머스 홉스가 전자의 입장을 대변한다면, 그들을 '우아한 야만인noble savage'이라 불렀던 장자크 루소는 후자의 입장을 대변한다. 전자는 다윈의 진화론이 득세한 이후 힘을 얻었다. 진화론은 인간과 동물이 본질적으로 크게 다르지 않다는 생각을 뒷받침했고, 실제로 침팬지에 대한 관찰 연구들은 인간과 침팬지 사이에 본성적으로 큰 차이가 없다는 '털 없는 원숭이'론을 지지해주었다. 한편 루소의 입장을 옹호하는 이들은 전쟁이 농업, 사회계층화, 국가와 문명의 등장 등과 직결되는 문화적 발명품이라 주장한다. 전쟁 없이 살아가는 평화로운 원시 부족의 사례가 그 근거로 제시되어왔다.

저자인 가트는 한쪽 입장만 지지하지 않는다. 평화로운 삶이 불가능한 것은 아니지만 원시적인 수렵 채집인들도 자기들끼리 혹은 다른 집단과 싸웠다는 것이다. 근거는 최근에 진행된 호주 등지의 '이상적' 원시 집단에 대한 연구다. 그들은 "고질적이진 않더라도 치명적인 분쟁은 언제든 일어날 수 있다"는 것을 보여주었다. 원시 집단 사이에서는 전투 중의 죽음이 사망률을 높이는 주요 요인이었다. 폭력에 의한 사망률은 오늘날보다 훨씬 높은 수준이었다. 그런 점에서 "싸움이란 나중에 나타난 문화적 발명품이 아니며, 인간에게 '자연스러운' 것은 아닐지언정 확실히 '부자연스러운' 것도 아닐 것이다".

선천적이지만 선택적인 본성

이러한 진술은 전쟁에 대한 상반된 주장들을 통합해내는 미덕을 갖고 있다. 싸움을 유발하는 '공격 본성은 선천적인 동시에 선택적일 수 있다'는 것이다. 즉 인간에게 폭력적이고 치명적인 공격성의 유전자가 존재하기는 하지만 '상황에 따라' 전략적으로 선택된다는 것이다. 그렇기에 전쟁을 거부하는 원시 부족과 같은 반증 사례를 부인하지 않는다. 결국 인간에게 내재된 "치명적 공격성은 타고난 잠재성이며, 적절한 조건이 주어지면 언제든 쉽게 촉발"될 수 있다는 것이다.

저자는 전쟁의 조건을 진화론에서 찾는다. 다윈 진화론의 핵심은 유기체들이 자연선택에 의해 맹목적으로 진화해왔다는 것이다. 여기서 자연선택은 생존과 번식이라는 경쟁에서 이기기 위한 자연스러운 선택이다. 자원이 빈약할수록 경쟁은 치열해진다. "자연에서는 희소성과 경쟁이 표준이다." 치열한 경쟁에서 이기기 위한 선택은 합리적인 국가나 공정한 시장이 없는 상황에서 종종 폭력적인 싸움으로 치닫게 된다. 진화론적 설명의 장점은 치명적이고 낭비적인 행위(전쟁)가 어떻게 생존과 번식의 성공에 이바지하는지를 보여준다는 것이다. 생존 경쟁에서 가장 적합한 자가 살아남는 적자생존의 철칙이야말로 전쟁의 흐름을 결정하는 것이다.

이러한 관점에서 저자는 인류 문명사를 수놓은 전쟁을 분석한다. 결속력 있고 더 강력한 집단을 조직할 수 있는 세력이 주도력을 확보했다고 본다. 이는 언어능력이 뛰어난 호모사피엔스가 자신들보다 몸집도 크고 수도 많았던 네안데르탈인을 지구상에서 절멸시킨 이유를 설명해준다. 로마 공화정은 주변 도시국가들과의 강력한 동맹을 통해 기원전 3세기경 90만 명의 시민에 25개 군단을 운영할 수 있었다. 정치적 통합과 결속 그리고 강력한 동맹 체제는 폭력적인 생존 경쟁에서 살아남기 위한 가장 중요한 요건이었다.

정치 체제와 사회 시스템도 중요한 역할을 한다. 그리스 아테네가 대표적 사례다. 아테네 시민들은 자비로 무장한 밀집대형의 중장보병으로 적과 맞섰다. 자신들의 정치적 권리만큼 공동체를 위해 헌신할 각오가 되어 있었다. 그렇기 때문에 그들은 수적 열세에도 불구하고 근접전투를 기피하는 노예 병사로 구성된 페르시아 대군을 격파할 수 있었다. 17세기 영국은 프랑스에 비해 국력이 절반밖에 되지 않았지만 탁월한 재정 운용을 통해 압도적인 해양 전력을 양성할 수 있었다.

국가가 전쟁을, 전쟁이 국가를 만든다

자원의 희소성이 경쟁을 부추기는 요인이지만 생산성이 높아졌다고 해서 분쟁이 줄어드는 것은 아니다. 인간의 욕망은 더 많은 것을 요구하기 때문이다. 생산성이 발전할수록 경쟁의 계기는 더욱 늘어나게 마련이고 분쟁의 가능성 또한 커지게 된다. 분쟁이 늘어날수록 관료화된 국가, 유능한 국가의 필요성은 증대한다. 17세기 유럽에서 절대주의 국가의 등장과 근대 군대의 형성이 함께한 이유다. 전쟁과 군대, 그리고 국가 발전의 순환 구조가 형성된 것이다. "국가가 전쟁을 일으키고 전쟁이 국가를 만든다"는 익숙한 격언도 이러한 상황을 설명하기 위해 나왔다.

저자는 이러한 상황이 연쇄반응을 일으키며 확대되었다고 주장한다. 특정 집단이 주변 지역을 병합하면서 세력을 키우고 군대를 양성하면, 주변 집단들도 그에 상응하는 대응을 할 수밖에 없다. 16세기 이탈리아에서 피렌체나 베네치아 같은 도시국가가 약화될 수밖에 없었던 것도 주변의 프랑스나 스페인, 그리고 신성로마제국이 강력한 국가로 등장했기 때문이다.

진화론과 적자생존

진화론의 관점에서 개별 국가 간의 경쟁은 동맹의 확대로 발전할 수밖에 없다. 결국 더 많은 세력을 규합하는 것이 전쟁의 승리를 보장해주는 가장 중요한 조건이기 때문이다. 펠로폰네소스 전쟁(기원전 431~404)이나 로마와 카르타고의 전쟁(1차 포에니 전쟁은 기원전 264~241, 2차 포에니 전쟁은 기원전 218~201, 3차 포에니 전쟁은 기원전 149~146에 치러졌다)에서도 더 많은 동맹을 확보하기 위해 치밀한 노력이 전개되었다. 동맹의 확대는 수적 차원의 문제일 뿐만 아니라 심리적으로도 큰 안정을 부여해주기 때문이다. 저자가 1, 2차 세계대전에서 자유민주주의 요소보다 '미국 효과'를 중시하는 이유도 여기에 있다. 전쟁 개입이나 의사결정 과정, 국민적 지지와 헌신 등의 관점에서 자유민주주의가 연합군의 승리에 결정적 요인이었다는 생각이 지배적이다. 그러나 가트 교수는 이러한 생각이 전쟁의 현실을 오도하고 있다면서 기본적으로 다른 강대국이 경쟁하기 어려운 수준의 인적·물적 역량을 갖고 있었던 미국의 참전이 승리의 결정적 요인이었다는 점을 강조하고 있다.

결론에서 그는 테러리스트와 같은 비국가적 행위자나 실패 국가의 위험성을 경고한다. '공포의 균형' 위에 작동했던 핵무기의 평준화도 이들 비합리적인 세력들에게는 통하지 않을 가능성이 있다는 걱정이다. 그들 나름의 생존 전략은 위협의 극대화를 통해 추구되고 있기 때문이다. 자유민주주의가 취약해 보이는 이유도 여기에 있다. 서구적 합리성이나 규율이 작동하지 않는 틈새가 존재하기 때문이다. 따라서 북한의 핵 위협도 진화론적 관점에서 바라볼 필요가 있다.

저자가 밝혔듯이, 이 책은 단순한 역사서가 아니다. 이 책은 인류학, 고고학, 진화론, 생물학, 경제학까지 아우르는 지적 광대함을 보여주기 때문에 더욱 도전할 만한 책이다. 전쟁을 고민하는 이들에게 축복으로 여겨질 만큼 말이다.

보급과 병참, 전쟁의 조건

마르틴 반 크레펠트 지음, 《보급전의 역사》, 우보형 옮김, 플래닛미디어, 2010년.

Martin Van Creveld, *Supplying War: Logistics from Wallenstein to Patton*, Cambridge University Press, 1977.

전투 중에 실탄이 바닥나면 어떻게 될까? 전투 중에 밥은 제대로 먹을 수 있을까? '군대는 밥통으로 행군한다'는 말이 있듯이, 식량과 실탄의 보급 없이는 어떤 전투도 불가능하다. 그렇다면 인류는 이 문제를 어떻게 해결해왔을까? 차량과 항공 지원이 일반화된 현대전에서는 어떨까?

러시아에서 후퇴하는 나폴레옹. 나폴레옹은 군대가 밥통으로 행군한다는 것을 정확하게 알고 있었다. 그는 20만 대육군을 유지하면서 처음으로 수레를 갖고 보급 임무를 담당하는 부대를 편성했다. 당시로는 혁명적인 조치였다. 하지만 1812년 50만 대군을 동원한 러시아 원정은 실패로 끝났다. 50만 명을 먹여야 하는 보급상의 근본적인 문제를 해결하지 못했기 때문이다. 장루이에르네스트 메소니에Jean-Louis-Ernest Meissonier, 「1814년, 프랑스의 전장1814, La Campagne de France」(1864). 캔버스 유화. 51.5×76.5cm. 오르세미술관 소장.

보급이 전쟁을 어떻게 지배하는가

이 책은 나폴레옹의 아우스터리츠 전투(1805)부터 제2차 세계대전까지 인류사의 결정적 전투 사례를 분석하며 보급과 병참이 실제 전투의 전개와 승패에 어떤 영향을 미쳤는지 실증적으로 살펴본 이 분야의 고전이다.

그러나 고전이라는 말에 겁먹을 건 없다. 실증적 자료를 갖고 기존 통념을 해체하는 저자의 주장을 읽는 재미가 쏠쏠하기 때문이다. 예컨대 저자는 나폴레옹(1812)이나 히틀러(1941)가 러시아 원정에 실패한 것은 지금껏 알려졌듯이, 진흙탕 길이나 겨울 혹한(동장군) 때문이 아니라고 지적한다. 전쟁에 투입된 수십만 대군을 먹일 식량 조달 자체가 불가능했다는 것이다.

구체적이고 치밀한 보급 계획이 반드시 전투의 성공을 가져오는 것도 아니다. 제1차 세계대전 당시 독일은 개전에서부터 종전 이후까지 세밀한 계획을 세웠지만 계획대로 이루어진 것은 하나도 없었다. 철도를 이용한 기동전을 기대했지만 참호전으로 변해버린 것이 이 전쟁의 운명이었다. 2년간 마련한 치밀한 작전 계획에 따라 시작한 노르망디 상륙 작전 역시 마찬가지였다. 보급물자의 우선순위까지 매기는 치밀함을 보여주었지만 결국에는 시간만 잡아먹었다. 프랑스 진격은 오히려 계획을 따르지 않았기 때문에 성공적이었다. 패튼George S. Patton의 전차 부대는 보급참모의 충고를 무시하고 진격함으로써 승리의 주역으로 떠올랐다.

바다는 여전히 중요하다

물론 차량과 항공기가 일반화되지 않은 시대의 이야기라 현대전에 걸맞지 않다고 느낄 수도 있다. 그러나 저자의 주장을 잘 들여다보면 그렇지 않다는 것을 알 수 있다. 우선, 역사상 대부분의 기간 동안 수상 운송이 육상 운송에 비해 훨씬 저렴하고 손쉬웠다. 모든 길은 로마로 통한다던 시절에도 땅과 바다의 운송 비율은 1대 50이었다. 항공기가 일반화된 오늘날 역시 크게 다르지 않다. 걸프전에서 전체 물류의 80퍼센트를 선박이 담당했다. 삼면이 바다로 둘러싸인 한반도의 지정학적 위치를 감안할 때 수상 운송의 중요성은 전혀 줄어들지 않는다.

보급의 형태는 물자의 성격에 의해 규정된다는 주장도 흥미롭다. 보급에서 식량과 사료가 절대적 부분이었던 시절에는 대부분 현지 조달, 즉 징발이나 약탈에 의존했다. 대규모 군대가 상대방의 지역을 돌아다니며 약탈하고 황폐화하는 것이 전쟁의 목적인 시대도 있었다. 적어도 1차 대전 이전까지는 그랬다. 20세기 들어 약탈이 없어진 것은 문명화됐기 때문이 아니다. 물류의 성격이 달라졌기 때문이다. 1차 대전이 시작되면서 주력 화기로 자리 잡은 대포와 기관총이 이전과는 비교되지 않을 만큼 엄청난 양의 포탄을 쏟아부었다. 보급

물자 가운데 식량의 비율은 급격하게 줄어들었고 현지에서 조달할 수 없는 대포알이나 무기의 부품이 그 자리를 차지했다. 현대전의 경우 물자의 성격은 더욱 복잡해진다. 첨단무기일수록 부품도 많아지고 민감해진다. 사소한 전자부품의 고장으로 첨단무기가 고철 덩어리가 될 수 있다. 그만큼 보급도 정교해지고 중요해질 수밖에 없는 것이다.

기술 발전은 보급 체계의 변화를 가져오는 동시에 또 다른 문제의 원인이 되기도 했다. 가령 철도는 대량 수송을 가능하게 했지만 철도역에서 전장까지 물자를 옮기기 위해서는 인간의 근육과 수레가 필요했다. 자동차의 도입으로 이러한 문제는 어느 정도 극복했지만 대신 자동차에 필요한 또 다른 물자가 추가되었다. 2차 대전 당시 보급의 90퍼센트가 탄약과 차량 유지 물자였다. 항공기를 이용하는 경우에도 역시 같은 문제가 따른다. 새로운 기계가 도입되어 제 기능을 발휘하려면 엄청난 종류의 물자가 새로 요구되기 마련이다.

보급이 승리를 보장하는가

그렇다면 보급의 성공이 전쟁의 승리로 이어질까? 전쟁이 현대화하면 할수록 병참은 성공적인 전쟁 수행에 꼭 필요한 요소라는 점에는 의심의 여지가 없다. 그러나 우수한 병참만으로는 충분하지 않다. 베트남의 미군이나 체첸의 러시아군(1차 체첸 전쟁 1994~1996, 2차 체첸 전쟁 1999~2009)에 이르기까지 1945년 이후 크고 작은 전쟁에서 더욱 풍부한 물자와 더욱 나은 운송수단을 보유한 군대가 언제나 이기지는 않았다는 사실이 이를 증명한다.

저자는 철저한 계획에 따라 진행된 작전이 실패로 끝난 사례를 들면서 클라우제비츠가 언급했던 '전쟁의 안개fog of war'와 마찰의 중요성을 상기시킨다. 전장은 안개 속에서 움직이는 것같이 모든 것이 불확실하다. 별일 아닐 듯하지만, 막상 전투가 진행되면 엄청난 마찰이 발생하는 저항의 공간이다. 적의 대응과 같이 통제되지 않는 변수와 우연이 작용하는 불확실성의 공간이기 때문에 완벽한 작전계획 자체가 불완전한 것이며, 지휘관의 창의적 대응력을 약화시킬 수 있다.

저자는 결론에서 "모호한 사고를 피하려는 의도에서 출발하여 구체적인 수치와 계산에 노력을 집중했음에도 불구하고, 결국 인간의 지성만이 전쟁을 수행하는 도구가 아닐뿐더러 전쟁을 이해하는 도구도 아니라는 사실을 받아들일 필요가 있다"고 지적한다. 물론 계획의 입안과 실행에서는 인간의 계산적 능력이 중심적 역할을 수행해야 한다. 그러나 전쟁을 이해하는 데는 지성이라는 수단밖에 없다고 믿는 것은 그 자체가 지나친 오만일 뿐이다. 그가 "전쟁에서 사기와 물질의 관계는 3대 1이라는 나폴레옹의 격언을 진리로 인정하는 것, 바로 그것이 기동전에 미치는 병참의 영향을 연구하는 데 있어 우리가 배울 수 있는 전부일 것이다"라고 결론 내린 이유도 바로 그것이다.

역사적 사례와 풍부한 실증적 자료가 잘 어우러진 책이기 때문에 쉽게 읽힌다는 것이 또 다른 매력이다. 하루면 다 읽을 수 있는 분량이지만 시간이 없다면 관심 있는 사례만 읽고 각 장의 결론 부분을 참고하면 될 것 같다. 결론인 8장('병참의 전망')과 후기('우리는 지금 어디에 있는가?')는 꼭 읽기 바란다.

6·25, 충분히 준비되지 않은 전쟁

시어도어 리드 페렌바크 지음, 《이런 전쟁》, 최필영·윤상용 옮김, 플래닛미디어, 2019년.

T. R. Fehrenbach, *This Kind of War: The Classic Korean War History*, Brassey's, 1963.

6·25전쟁(1950~1953)의 진정한 교훈은 무엇일까? 매년 6월이 되면 여전히 한반도를 무겁게 짓누르고 있는 끝나지 않은 전쟁의 기억으로 우리 국민의 마음은 한없이 답답하기만 하다. 그렇다면 6·25전쟁의 실질적인 한 축이었던 미국의 입장에서는 어떤 교훈을 얻었을까?

6·25전쟁에 관한 가장 고전적 저술은 페렌바크의 책이다. 클레이 블레어Clay Blair의 《잊힌 전쟁The Forgotten War》(1987)이나 데이비드

핼버스탬David Halberstam의 《가장 추웠던 겨울The Coldest Winter》(2007)도 훌륭한 책이지만, 6·25전쟁의 역사에 관한 한 고전적 지위를 가진 저술은 역시 《이런 전쟁》이라는 데 많은 전문가들이 동의한다. 1963년에 처음 출판되었지만, 1994년과 2000년에 재출판된 이유다.

이 책이 출판된 지 꽤 오랜 시간이 지났음에도 새로운 자료와 현대적 감각으로 무장한 책들보다 더 큰 울림을 주는 이유는 전장을 수놓았던 말단 병사들과 지휘관의 생생한 목소리가 담겨 있기 때문이다. 남진하는 북한군을 막기 위해 처음 급파된 스미스 부대의 전투 장면을 그는 다음과 같이 묘사한다.

"남진하는 소련제 T-34를 막기 위해 700야드에서 75밀리 무반동총을 발사했지만 아무런 효과를 보지 못했다. 오히려 적의 탱크가 탑신을 돌려 85밀리 대포와 7.62밀리 기관총을 쏘아대자 미군들은 참호 속으로 머리를 박아야 했다. 이를 본 코너 중위가 바주카포를 둘러메고 도랑을 따라 달려가 15피트 거리에서 로켓을 발사했지만 작은 상처만 낼 뿐이었다. 그는 계속해서 22발의 로켓을 발사했지만 어떤 피해도 주지 못했다. 어떤 포탄은 너무 오래되어 제때 터지지도 않았다."

가혹한 현실에서 발견한 교훈

마치 전장에 있는 것 같은 생생한 묘사는 스미스 부대의 최초 전

6·25전쟁에 참전한 제65보병연대는 푸에르토리코인으로 구성된 부대로 1952년 2월 중공군 149사단이 차지하고 있는 고지를 공격하여 탈환하는 전과를 세웠다. 이들 미군은 충분한 훈련을 받지 못했지만 영웅적인 투혼을 발휘하여 큰 전과를 세웠다. 도미닉 댄드리아Dominic D'Andrea, 「65연대65th Regiment」(1992). 캔버스 유화. 76×100cm. 미국방위군기념재단 소장.

투에서부터 북진 과정, 장진호 전투와 흥남 철수, 이후 중공군의 춘계 공세와 이에 대한 유엔군의 대응, 그리고 휴전 회담과 함께 전개된 고지전의 주요 전투를 망라한다.

이러한 기술이 가능했던 것은 저자인 페렌바크가 6·25전쟁에 참전했기 때문이다. 그는 참전한 지휘관·병사들과의 인터뷰를 통해 전장의 모습을 그대로 전해주려고 노력했다. 예컨대 섭씨 30도가 넘어가는 한국의 여름 날씨에 최소한의 나무 그늘도 제공하지 않는 민둥산에서 충분한 음식은 고사하고 깨끗한 물조차 없는 상황은, 편하게 살아온 미국 병사가 감내해야 할 현실을 보여준다. 논두렁의 오염된 물을 마신 병사들은 뜨거운 태양열 아래에서 설사에 시달리며 전투력을 상실해갔다.

이러한 전장의 가혹한 현실을 통해 저자가 하고자 하는 얘기는 한 가지다. 미국은 충분히 '준비되지 않았다'는 것이다. 1963년 초판의 부제가 '준비되지 않음에 대한 연구a study in unpreparedness'였던 이유도 여기에 있다. 저자는 그 예로 스미스 부대를 들고 있다. 스미스 부대는 수십 대의 T-34탱크를 앞세운 북한의 남진을 막기 위해 급파된 기동타격대task force였다. 그러나 이 부대는 400명 남짓의 대대급으로, 보유 화력은 75밀리 무반동총 2대, 4.2인치 박격포 2대, 2.36인치 로켓포 6대, 60밀리 박격포 6대가 고작이었다. 이런 화력으로 당시 가장 견고한 탱크 가운데 하나였던 T-34를 막으라고 명령한 것 자체가 말이 안 되는 일이었다.

그러나 더 중요한 점은 초기 한국에 파견된 병사들은 자신들이 '경찰 역할'을 하면 충분할 것이고, 북한군은 자신들을 보면 바로 돌아갈 것이라는 안이한 생각을 갖고 있었다는 점이다. 그들은 허겁지겁 파견된 '군복만 걸친 시민'에 불과했다. 그들은 목숨 건 전쟁을 위해 준비된 군인이 아니었고, 군 지휘부도 그들을 전쟁을 수행할 군인으로 훈련시키지 못했다.

잘못된 상황 판단의 이유

이러한 문제는 미군이 생각보다 빨리 6·25전쟁에 투입되었음에도 낙동강 전선으로 후퇴할 수밖에 없었던 상황을 설명해준다. 사단급으로 가장 먼저 파견된 24사단도 상황은 마찬가지였다. 대전까지 밀린 미군은 이곳을 교두보로 강력한 저항을 시도했지만 부대 간의 통신 두절, 사기 하락, 무단 이탈 등으로 지휘가 불가능할 정도였다. 결국 후방으로 치고 들어오는 북한군에게 사단이 포위되면서 뿔뿔이 흩어져 후퇴해야만 했다. 사단장을 포함하여 사단 병력의 30퍼센트 이상을 잃었으며, 챙기지 못하고 남겨둔 물자는 일개 사단을 무장시킬 수 있는 분량이었다.

저자가 강조하고 있듯이 미군이 제대로 준비되지 못한 주요 이유는 상황 판단에 심각한 문제가 있었기 때문이다. 특히 미군은 북한의 남침과 중공군의 참전을 전혀 예상하지 못하고 있었다. 이미 1949

년부터 많은 정보원으로부터 북한의 전력 강화와 남침 가능성에 대한 보고가 올라왔지만 미국 지휘부는 무시했다. 한반도에서의 군사적 대립이 격화될 것을 우려해 남한에 제대로 된 무기조차 넘겨주지 않았다. 남한이 소련제 탱크를 앞세우고 남진하는 북한군에게 맥없이 당한 이유도 여기에 있다. 사실 미군조차도 효과적인 대전차 방어무기를 갖추지 못했다. 중공군의 개입 역시 현실을 제대로 인식하지 못한 결과였다. 중국이 개입하지 않을 거란 맥아더를 비롯한 미군 지휘부의 안일한 인식은 올바른 판단을 어렵게 만들었다. 전쟁 수행 방식에서도 미군은 중공군의 전술을 제대로 이해하지 못했다.

싸울 의지가 없다면

저자는 미군의 문제가 싸울 '능력'이 아닌, 싸울 '의지'가 없었던 것이라고 진단한다. 싸울 의지가 없으면 싸울 일이 없을 것이란 판단하에 세상을 보게 된다. 자신이 보려는 방식대로 세상을 보기 때문에 제대로 준비하지 못했다는 것이다.

6·25전쟁 이후 미국은 얼마나 변했을까? 저자는 미국이 베트남에서 똑같은 잘못을 되풀이하고 있다고 지적한다. 미국은 아시아의 공산주의 운동을 제대로 이해하지 못하고 있으며, 이들이 전개하는 제한전의 본질을 파악하지 못하고 있다는 것이다. 여전히 미국은 이런 종류의 전쟁을 수행할 준비가 되어 있지 않았고, 자유로운 삶에 젖

어 있는 미국의 젊은이들은 이해할 수 없는 전쟁에 '끌려가기'를 거부했으며, 전장에서 제대로 싸우지도 않았다는 것이다.

이 책은 6·25전쟁의 배경으로 작용하는 냉전 체제의 등장과 미국의 외교전략, 미군의 참전과 전략전술, 그리고 전장을 수놓은 장병의 목소리를 엮어가며 6·25전쟁의 전체적인 흐름을 보여준다는 점에서 탁월한 역사서라 할 수 있다. 40년의 시간이 흘렀음에도 이 책이 여전히 고전적 지위를 누리는 것은 6·25전쟁에 대한 깊이 있는 묘사와 반성적 성찰을 통해 오늘날까지 여전히 유효한 교훈을 들려주기 때문이다.

미군 중심의 기술이기 때문에 한국군에 대한 얘기가 별로 없다는 것이 좀 아쉽기는 하다. 하지만 6·25전쟁에 미군이 어떤 식으로 참전하고, 어떻게 전투를 치렀는지를 제대로 이해한다는 것은 미군과의 합동성이 중요한 한국군에게 소중한 자산이 아닐 수 없다. 한국에서의 전쟁을 염려하는 이라면 꼭 읽어야 할 고전이 아닌가 한다.

PART

2

대전략과 전쟁 지휘

*

일반적으로 우리는 정책과 전략을 구분한다. 정책이 국가의 의도라고 한다면, 전략은 이러한 의도를 수행하기 위한 구체적인 방안을 포함한다. 그런 점에서 전략은 국가의 목표에 부합하도록 군사적 수단을 운용하는 데 방점을 두게 된다.

승리의 관건은 정치

엘리엇 코헨 지음, 《최고사령부: 군인, 정치인, 전시 리더십》, 이진우 옮김, 가산출판사, 2002년.

Eliot A. Cohen, *Supreme Command: Soldiers, Statesmen, and Leadership in Wartime*, Free Press, 2002.

폭격기에 레이더 교란 장치를 장착하는 것을 누가 결정해야 할까? 공군사령관일까 청와대일까? 민군관계의 고전적 이론에 따르면 정치적 목표는 정치인이 결정해야 하지만, 전략전술 문제는 군 지휘관이 담당해야 한다. 그런데 과연 이러한 주장은 타당한 것일까?

존스홉킨스대학 전략연구소장인 엘리엇 코헨 교수는 전략전술 문제 역시 결국에는 통치권자가 결정할 수밖에 없는 문제라고 단언한다. 실제로 제2차 세계대전 당시 영국에서 이런 일이 벌어졌다. 레이더 교란 장치를 사용하면, 폭격 성공률과 조종사의 생존율을 크게 높일 수 있었다. 당시 폭격기 조종사의 사망률이 25퍼센트나 됐기 때문에 공군전략사령부는 레이더 교란 장치의 사용을 적극 찬성했다. 그러나 독일군의 폭격을 방어해야 하는 방공사령부는 이러한 기술이 적에게 알려질 경우 영국의 방공망이 취약해진다며 레이더 교란 장치의 사용을 반대했다. 결국 처칠 수상이 공군전략사령부의 손을 들어주었다.

전략 문제와 민군관계에 관한 한 최고의 전문가로 평가받는 코헨 교수가 이 책에서 다루고자 하는 내용이 바로 전시 상황에서 통수권자가 직면하게 되는 각종 문제와 그 복잡성의 본질이다. 그가 사례로 제시하는 인물은 미국 남북전쟁을 승리로 이끌었던 에이브러햄 링컨 대통령, 제1차 세계대전에서 프랑스를 살려낸 조르주 클레망소 총리, 제2차 세계대전에서 영국을 사수했던 윈스턴 처칠 수상, 이스라엘 군대를 육성하고 아랍의 전면공격을 물리쳤던 다비드 벤구리온 총리다. 이들 네 명의 위대한 통수권자들이 전시에 군 지휘관과 어떤 관계를 맺으며, 전쟁을 어떻게 이끌었는지 살펴본다.

군 지휘관을 지휘했던 통수권자들

링컨은 대통령에 당선되었을 때 내전의 가능성을 예감하고 있었다. 그가 가장 신경 썼던 것은 지휘관이었다. 처음 조지 매클레런

링컨(왼쪽 세 번째)은 남북전쟁 과정에서 내각 구성원들과의 활발한 대화를 통해 중요한 결정을 내렸다. 특히 중요한 인물은 전쟁장관이었던 에드윈 스탠턴Edwin Stanton(왼쪽 첫 번째), 재무장관 새먼 체이스Salmon Portland Chase(왼쪽 두 번째), 국무장관이었던 윌리엄 수어드William Seward(앞줄) 등이다. 프랜시스 빅널 카펜터Francis Bicknell Carpenter, 「링컨 대통령의 노예해방 선언 첫 번째 읽기First Reading of the Emancipation Proclamation by President Lincoln」(1864). 457×274cm. 미국국회의사당 소장.

George McClellan을 임명했지만 남부 로버트 리Robert E. Lee 장군의 적수가 되지 못했다. 그는 무능한 지휘관을 내버려두지 않았다. 이후 2년 동안 네 명의 지휘관을 교체한 끝에 링컨은 결국 율리시스 그랜트Ulysses Grant 장군을 발견하게 된다. 39세에 연대장에서 출발한 무명의 그랜트는 3년 만에 총사령관에 올라 전쟁을 승리로 이끌게 된다.

그렇다고 링컨이 전쟁을 그랜트 장군에게 완전히 맡긴 것은 아니었다. 그는 백악관 전보실에서 전쟁의 흐름을 면밀히 주시하며 전쟁의 대원칙을 지휘관들에게 끊임없이 교육했다. 노예제를 고수하고 있지만 북부의 친화적인 주들에 대해서는 우호적인 감정을 유지하도록 노력해야 한다거나, 유럽 제국들을 개입시킬 만한 일은 하지 말아야 한다는 지침을 군 지휘관에게 내려 보냈다. 그는 어떤 지휘관보다 전쟁 전체의 흐름을 잘 이해하고 있었다. 그리고 그러한 인식을 바탕으로 적절하고 의미 있는 개입을 통해 전쟁을 승리로 이끌었다.

1차 대전이 벌어졌을 때 클레망소는 전투 경험이 전혀 없는 의사 출신의 정치인이었다. 그는 적대적일 정도로 사이가 나쁜 두 지휘관(페르디낭 포슈Ferdinand Foch와 필리프 페탱Philippe Pétain)을 다독거려야 했고, 고집불통의 레몽 푸앵카레 대통령도 잘 다독여야 했다. 동맹국 간의 협력도 엉망이었다. 76세의 노구임에도 그는 전선을 찾아가 병사들을 만났다. 담배가 부족한 것이 병사들의 사기를 크게 떨어뜨린다는 것을 알아챘다. 의견 일치를 보지 못하는 두 지휘관 사이에서 결정을 내리고, 무능한 군단장의 지휘권을 빼앗기도 했다. 그는 결코 전쟁을 장군들에게 맡겨두지 않았다.

윈스턴 처칠 수상 역시 클레망소 총리에 결코 뒤지지 않는 강단 있는 최고사령관이었다. 그는 전략전술의 세부적 내용과 군사 기술의 변화를 숙지했다. 그는 장군들에게 군사적 문제에 대해 날 선 질문을 던지며 그들을 당혹스럽게 했다. 그의 질문에 제대로 답변하지 못하는 장군들은 옷을 벗어야 했다.

그는 전쟁을 그림 그리는 일과 비교하곤 했다. 전쟁이건 그림이건 큰 주제의식 아래에서 세세한 부분들이 잘 어우러져야 하는 것이다. 전쟁 수행과 관련된 사소한 일들도 놓치지 않고 점검하곤 했다. 대표적 사례가 병사들의 군복에 연대 표식을 금지하는 육군의 결정을 번복하라고 지시한 일이었다. 그가 보기에 연대 표식은 병사들의 사기 함양에 긍정적이었기 때문이다. 그러나 그의 지시가 보급 문제를 핑계로 거부되자, 관계자를 문책하기까지 했다. 사소한 문제 같지만 병사들의 사기와 정치적 통합을 저해하는 일은 끝까지 물고 늘어지는 집요함을 보였던 이가 처칠이다.

이스라엘 초대 수상 벤구리온은 더욱 험난한 상황에서 군 지휘관들과 맞섰다. 군 경험이 없는 그였지만 유대인 지하군대(하가나 Haganah)의 지휘관들을 일일이 면담하고 그들의 리더십과 지휘 조직, 훈련 상황과 무기 체계를 조사한 후, 새로운 군부를 탄생시켰다. 기존 군대의 격렬한 반대와 정치적 도전에 직면했지만 통제력을 상실하지 않았다. 그의 예측대로 아랍 국가들이 이스라엘을 공격했을 때도 그는 전략전술을 두고 군 지휘관들과 격렬한 토론을 벌이곤 했다. 군인들이 몇몇 거점 중심의 방어를 주장했을 때, 그는 모든 유대인 정착지를 방어할 것을 고수했다. 군사적 유용성보다 정치적 사기가 중요하다는 것을 알았기 때문이다.

정치적 수단으로서의 전쟁

이러한 사례들이 공통적으로 보여주는 것은 전쟁은 군인에게 맡겨야 한다는 전통적 생각이 사실과 부합하지 않는다는 점이다. 그렇다고 군인이 전쟁을 제대로 수행하지 못할 만큼 전문성이 없다는 의미는 아니다. 오히려 전쟁 자체에 내장된 정치적 성격이 그만큼 결정적이기에, 이에 대한 올바른 이해가 중요하다는 의미다. 저자는 군인과 정치인의 역할을 이분법적으로 구획하는 것은 전쟁에 내재된 정치적 본질을 외면하는 것이고, 이러한 관점으로는 전쟁의 궁극적 목표를 달성하기 어렵다고 주장한다.

그 대표적 사례로 저자는 베트남 전쟁과 걸프전을 든다. 일반적으로 베트남 전쟁의 실패는 과도한 정치적 개입의 결과라는 인식이 널리 퍼져 있지만 사실은 그렇지 않다는 것이다. 당시 미국 대통령은 전쟁의 본질을 정확히 이해하지 못했고 전장의 현실도 제대로 인식하지 못했다. 그리고 대규모 폭격으로 북베트남을 항복시킬 수 있을 거라는 군 지휘부의 판단을 과신했다. 전쟁에 투입된 병사들의 마음도, 이들을 떠나보낸 국민의 정서도 제대로 읽어내지 못했기 때문에 실패한 것이다.

저자의 주장은 클라우제비츠의 경구로 집약된다. "전쟁은 단순히 정책적 행위가 아니라 진정한 정치적 수단이고 정치적 접촉의 연속이다. 전쟁은 정치적 접촉을 다른 수단으로 실행하는 것이다." 전쟁이 궁극적으로 정치적 목적을 달성하기 위한 것이라면 군인들만의 문제가 될 수 없다. 오히려 한 나라의 통치자라면 전쟁이 가지는 정치적 목표와 이를 위해 감당해야 할 비용에 대해 보다 깊은 감수성을 갖고 있어야 할 것이다.

《뉴욕타임스》의 정치 평론가 윌리엄 크리스톨William Kristol은 "만약 부시 대통령이 읽어야 할 단 하나의 책을 권한다면, 바로 이 책이 될 것이다"라고 말했다. 한마디로 대통령을 비롯한 국방안보와 관련된 정책 결정자라면 누구나 읽어야 할 중요한 저서다.

정책과 전략의 상호작용

휴 스트로운 지음, 《전쟁의 방향: 역사적 관점에서 본 현대 전략》.
Hew Strachan, *The Direction of War: Contemporary Strategy in Historical Perspective*, Cambridge University Press, 2014.

미국·영국과 같은 강대국이 왜 이라크에서 만족할 만한 성과를 거두지 못한 것일까? 새로운 형태의 게릴라전 때문이라는 주장이 있지만, 과연 이러한 전쟁 방식이 정말 '새로운' 것이었을까. 영국의 저명한 군사사학자 휴 스트로운 교수는 전략적 사유에 내재된 보다 근본적인 문제를 제기한다.

2016년 9월 영국 정부는 이라크 전쟁에 대한 공식 조사 보고서(칠콧 보고서Chilcot Report)를 내면서 "정부가 천명한 목표 달성에 실패했다"고 결론 내렸다. 영국 정부는 "분명한 경고에도 불구하고 침공의 결과를 과소평가했으며 사담 후세인 이후의 이라크에 대한 계획과 준비는 완전히 부적절했다"고 선언했다. 지난 13년간 4500여 명의 미군과 200여 명의 영국인이 목숨을 잃었지만 이라크는 사실상 내전 상태에서 벗어나지 못하고 있다. 미국과 영국이 주축이 되었던 연합군은 이라크가 상대할 수 없는 압도적 전력을 투입했지만 만족할 만한 성과를 거두지 못했다. 왜 이런 일이 벌어진 걸까?

이러한 실패에 대한 가장 일반적인 설명은 전쟁 이후에 대한 고민이 부족했다는 것이다. 재래식 전쟁에서는 압도적인 승리를 구가했지만 이후 이라크를 안정화할 계획과 준비가 부족했다. 사담 후세인 제거라는 목표는 해결되었지만 민주주의 실현에 절대적 요소인 정치적 안정은 오히려 악화되었다. 후세인 이후의 이라크 상황을 고려한 정책적 방향과 대비가 없었기 때문이다.

스트로운 교수는 더욱 근본적인 차원에서 문제를 제기한다. 제2차 세계대전 이후 서구의 전략적 사유 자체에 문제가 있다는 주장이다. 일반적으로 우리는 정책과 전략을 구분한다. 정책이 국가의 의도라고 한다면, 전략은 이러한 의도를 수행하기 위한 구체적인 방안을 포함한다. 그런 점에서 전략은 국가의 목표에 부합하도록 군사적 수단을 운용하는 데 방점을 두게 된다.

정책과 전략의 개념적 혼동

저자는 우선 정책과 전략이 뒤섞이는 개념적 혼동을 지적한다. 전략이란 단어 자체가 과용되고 오해되기 쉬운 데다, 수행 방식을 의미하는 정책과 혼용되면서 인식적 구분이 어려워지고 있는 것이 현실이다. 그 대표적 사례가 '테러와의 전쟁Global War on Terror, GWOT'이다. 이라크 공격 당시 미국의 조지 부시 대통령과 영국의 토니 블레어 수상은 이를 반테러리즘의 '전략'으로 칭송했지만 GWOT 자체는 전략이라기보다 정책의 언명에 지나지 않는다. 테러리즘 자체에 대한 구체적인 대응 원칙과 프로그램이 결여돼 있기 때문이다. 한마디로 GWOT는 전 세계적 차원에서 테러리즘을 막아내자는 정책적 슬로건에 불과하다는 것이다. 문제는 제대로 된 처방과 대응 프로그램이 나오지 않는다는 것이며, 결국 대테러전을 성공적으로 수행하는 데도 한계가 있었다.

정책과 전략의 개념적 혼동은 전략적 사유의 빈곤을 야기한다. 전략은 기본적으로 정치적 목적을 달성하기 위해 군사적 수단을 사용하는 것이기 때문에 본질적으로 '실용적'이다. 실용적 전략을 도출하기 위해서는 기본적으로 전쟁 자체의 본질에 대한 정확한 이해가 중요하다. 그러나 미국과 영국은 이를 제대로 이해하지 못했다. 9·11 이후 벌어지고 있는 비대칭적 전쟁 방식에 '새로운' 전쟁이라는 이름을 붙이는 것이야말로 서구의 전략적 사고가 얼마나 순진한 것인가를 보여준다고 지적하는 이유다. 게릴라전이 오래된 전쟁 방식이라는 점을 부연할 필요도 없다.

저자는 이러한 실패의 근본적 원인이 많은 정치인이나 장군들의, 전쟁 자체에 대한 이해 부족에 있다고 주장한다. 특히 대부분의 정책 결정자들은 스마트 무기나 최첨단 센서 그리고 광통신 기계가 어떻게 전쟁 방식을 변화시킬 것인가에 주목하면서 정작 인간의 투혼과 나약함이 점철된 피땀 어린 인간의 행위로서 전쟁의 변하지 않는 본질, 즉 클라우제비츠가 언급했던 전쟁의 안개에 대해서는 무관심했다는 것이다.

전쟁은 정치의 도구인가

무엇보다 중요한 것은 전략과 정책의 관계다. 정책과 전략을 혼동하는 것만큼 정책의 수단으로 전쟁(수행 방식으로 전략)을 인식하는 것 또한 잘못이라는 것이 저자의 생각이다. 여기서 정책 목표를 정하는 정책 결정자와 전쟁 전략을 담당하는 군 지휘부가 구분된다. 문민통제의 원칙에 따라 민간 정책 결정자가 수립한 정책 목표를 군은 효율적인 물리력의 집행을 통해 달성한다. 이런 관념에는 전쟁은 정책의 도구적 수단이라는 인식이 깔려 있다.

스트로운 교수의 가장 뛰어난 통찰은 정책과 전략의 상호작용에 주목한 것이다. 전략과 정책 목표는 고정된 것이 아니다. 서로 상호작용하면서 조금씩 변화할 수밖에 없는 것이며, 이러한 상호성을 통해 성공적인 전략이 가능하다는 것이다. 그에게 전략은 군사적 능력과 정치적 목표 사이의 인터페이스를 제공하는 공간이다. 정책 목표가 전쟁의 수행 방식을 결정하듯이, 전쟁의 과정 또한 정책 목표를 변화시킨다. 제2차 세계대전 초기 영국의 전쟁 목표는 생존이었지만 후반으로 접어들면서 유럽 탈환과 승리로 바뀌었다. 전략은 정책의 군사적 수단이지만 전략 또한 정책에 영향을 주기 마련이라는 의미다.

스트로운 교수는 "만약 전쟁을 수행해야 한다면, 이를 위해 전략에 대한 '확고한 장악'이 필요하다. 이를 위해서는 전략을 더욱 명료하게 정의하고, 체계적이며 깊이 있게 연구하고, 철저히 추진하는 것이 필요하다"고 조언한다.

2013년에 출판된 책이라 아직 번역본이 나오지 않았다. 전략적 사고가 깊지 않은 우리 현실에서 꼭 번역되어야 할 책이 아닌가 한다. 중요 논지를 정리한 13장이 결론이다. 전략 개념에 대한 정확한 이해가 필요하다면 2장도 읽기를 권한다.

전쟁, 끝내기가 중요하다

기드온 로즈 지음, 《전쟁은 어떻게 끝나는가: 우리는 왜 항상 마지막 전투를 치르는가》.

Gideon Rose, *How Wars End: Why We Always Fight the Last Battle*, Simon & Schuster, 2010.

사랑과 전쟁의 공통점은 무엇일까? 시작하기는 쉽지만 끝내기는 어렵다는 것이다. 수개월이면 끝날 것으로 예상했던 전쟁이 수년을 훌쩍 넘기기 일쑤다. 2001년 시작된 아프가니스탄 전쟁이 지금까지 계속될 것으로 예상한 전문가는 거의 없다. 왜 이렇게 전쟁은 끝내기가 어려운 것일까.

국제 문제 전문가로서 한때 백악관 국가안보실NSC에서 근무했던 저자 기드온 로즈 박사가 주목한 주제가 바로 이것이다. 왜 미국은 전쟁에서 잘 싸우지만 제대로 끝내지는 못하는 것일까. 만약 '모든 전쟁을 끝내기 위한' 전쟁이었던 제1차 세계대전에서 독일 문제를 잘 처리했더라면 제2차 세계대전은 발생하지 않았을지 모른다. 2003년 이라크 전쟁도 마찬가지다. 1991년 걸프전을 치르면서 이라크 문제를 제대로 해결했더라면 같은 나라를 상대로 10년의 간격을 두고 두 번씩 전쟁을 감당해야 하는 일은 없었을 것이다. 왜 이런 일이 일어나는 것일까. 저자는 미국이 전쟁에 이기는 데만 집중했지 제대로 끝내는 데는 충분한 준비를 기울이지 않았기 때문이라고 설명한다.

그는 철저한 자료 분석과 관계자 인터뷰를 통해 지난 1세기 동안 미국이 개입했던 전쟁이 어떻게 진행됐고 어떻게 끝났는지를 연구했다. 그의 분석 결과는 매우 비판적이다. 미국은 전투에서 많은 승리를 기록했지만, 전쟁을 제대로 끝낸 경우는 거의 없었다는 것. 전후 처리에 대한 준비는 고사하고, 전쟁을 끝낼 방안에 대한 적절한 전망조차 갖지 못했다. 그로 인해 전쟁의 상처보다 훨씬 큰 혼란과 분열을 야기하기 일쑤였다. 이러한 문제는 우리 역사에도 고스란히 남아 있다.

실패한 종전의 역사

1차 대전이 끝날 때 우드로 윌슨 미국 대통령은 민주주의와 자유무역, 그리고 평화로운 미래를 위해 국제연맹이 지배하는 세계를 만들고자 했다. 하지만 그는 독일에 치욕적인 패배를 강요하는 베르

사유 조약을 막지 못했고 심지어 국제연맹 가입을 반대하는 의원들을 설득하지 못했다. 그 결과 한 세대가 끝나기도 전에 더욱 가혹한 세계대전의 비극을 맞이하게 되었다.

제2차 세계대전 중에 미국은 사회주의 소련이 얼마나 큰 위협으로 돌변할지 제대로 판단하지 못했다. 1941년 소련은 독일군을 격파하고 동유럽으로 진격하고 있었지만 미국은 1944년에야 노르망디를 통해 본격적으로 유럽 전선에 뛰어들었다. 패전국 처리에서도 독일과 일본의 무장 해제와 민주화에 몰두했지만, 전후 냉전 체제에 접어들면서 사실상 이들의 재무장을 수용할 수밖에 없었다.

6·25전쟁에서 대한민국이 공산화되지 않은 것이 미국의 공로임은 누구나 인정한다. 그러나 저자가 안타까워하는 것은 미국이 잘못된 전쟁 목표를 설정함으로써 너무 큰 피해를 입게 되었다는 것이다. 6·25전쟁이 발발하고 채 1년도 지나지 않아 휴전선으로 전선이 고착되자 휴전협상이 시작됐다. 문제는 포로 송환 방식이었다. 미국은 3만 5000여 명의 반공포로를 살리기 위해 자유 송환을 주장한 반면, 중국과 북한은 일괄 송환을 고집했다. 2년가량 논쟁이 이어졌고 그 사이에 9000명의 미군을 포함한 12만 4000여 명의 유엔군이 죽거나 부상을 입었다.

베트남 전쟁은 참전에서부터 잘못된 판단에서 출발했다. 결과론적으로 보자면, 미국의 정책 결정자들이 처음에 생각했듯이, 베트남의 공산화가 말레이시아나 인도네시아의 공산화로 이어지지는 않았

미국 제40사단 병사들이 중공군이 차지했던 고지를 점령하는 순간을 포착한 그림이다. 기드온 로즈는 6·25전쟁 개전 1년 만에 휴전협상이 시작되었지만 양측 모두 포로 송환 문제에 집착함으로써 전쟁이 2년이나 연장되었다고 지적한다. 릭 리브스Rick Reeves, 「한국에서 선샤인부대 The Sunshine Division in Korea」(2001). 캔버스 유화. 76×100cm. 미국방위군기념재단 소장.

다. 부패한 베트남 정권을 지키기 위한 미군의 군사적 개입은 오히려 자기 파괴적이었다. 미국 국내에 반전 여론이 확산되자 미국은 베트남을 빠져나오기에 급급했다. 미군의 철수 이후 베트남에서 무슨 일이 일어날지, 캄보디아와 라오스의 운명은 어떻게 될지 아무런 생각이 없었다. 베트남에서의 패배가 이후 수십 년간 미국의 대외정책을 옥죄는 트라우마로 작용했던 것도 이 때문이다.

이라크와 아프가니스탄에서의 실패

그렇다면 전쟁을 끝내는 방식에 있어 미국은 좀 나아졌을까? 별로 나아지지 않았다는 것이 저자의 생각이다.

가장 중요한 평가 대상은 최근에 수행된 이라크와 아프가니스탄 전쟁이다. 세계무역센터 빌딩이 비행기 테러로 붕괴(2001)되는 것을 무력하게 지켜봐야 했던 미국인들이 그에 대한 책임을 누군가에게 묻는 것은 당연한 수순이었다.

아프가니스탄이 가장 우선적인 공격 대상이 되었다. 테러의 직접적 배후로 지목되었던 오사마 빈 라덴과 알카에다의 근거지였기 때문이다. 10월 시작된 전쟁은 채 한 달도 되지 않아 끝났다. 수도 카불을 비롯한 주요 도시들이 점령되었고 새로운 과도정부가 등장하면서 아프가니스탄은 안정화에 들어간 것처럼 보였다. 그러나 산악지대로 숨어들어간 탈레반의 게릴라 공격이 시작되면서, 아프가니스탄은 내전 상황으로 접어들었다. 아프간 정부군은 미군과 나토군의 지원으로 가까스로 우위를 유지하고 있는 실정이다.

이라크 상황은 더욱 암울하다. 9·11테러와 직접적인 연관성은 없었지만 테러 집단을 지원하는 악당국가라는 오명과 함께 대량 살상 무기를 개발·보유하고 있다는 의심이 공격의 이유였다. 미국 정부는 미국에 대한 일말의 위협조차 용납하지 않겠다는 강력한 의지를 보여주어야 했다.

대통령과 군 지휘관들은 전쟁에서의 승리에만 관심을 가졌다. 부시 대통령은 독재자 사담 후세인을 몰아내면 민주주의를 이룩할 수 있다고 설파했다. 하지만 민주주의가 무엇을 의미하는지, 어떻게 실현할지에 대해서는 계획도 능력도 갖추지 못했다. 한 달도 지나지 않아 미국은 공화국 수비대를 궤멸시키고 독재자를 몰아냈지만, 남은 것은 내전에 가까운 지독한 혼란이었다.

전쟁을 관통하는 정치

이라크와 아프가니스탄의 사태는 미국이 이전 전쟁을 통해 그 어떤 교훈도 얻지 못했음을 보여준다고 저자는 신랄하게 비판한다. 그들은 "정치적 문제가 전쟁의 모든 영역을 관통한다"는 사실을 인식하지 못했다. 다시 말해 그들은 전쟁의 본질을 제대로 이해하지 못한 것이다. 전쟁은 악당을 처벌하기 위한 싸움만을 의미하지 않는다.

전쟁에서는 오히려 정치적 측면이 더욱 중요하다. 전쟁을 통해 궁극적으로 얻으려는 것이 무엇인지를 분명하게 정의해야 한다.

물론 전쟁의 속성상 모든 것이 처음 계획대로 되지는 않는다. 클라우제비츠의 도전은 늘 전쟁을 불확실성의 게임으로 만든다. 더 중요한 것은 예기치 않은 전쟁의 현실에 유연하고 기민하게 대처할 수 있는 대응 능력이다. 그리스 역사가 투키디데스가 올바르게 언급했듯이 "전쟁은 어둠 속으로 뛰어드는 것"과 같다. 어둠이 가져오는 불확실성에 대해 완벽한 계획이나 대비는 가능하지 않다. 그럼에도 전쟁 계획을 세울 때는 목적을 명료하게 설정하고, 매 시기 손익을 따지는 현실주의적 태도가 필요하다. 더욱 중요한 것은 실행 능력이다. 아무리 좋은 목표와 세밀한 계획을 갖고 있다고 해도 현장에서 작동할 수 있는 실행 의지와 능력을 갖추지 못한다면 아무 소용이 없다.

이 책은 아마존 킨들로 저렴하게 읽을 수 있다. 서론 격인 1장과 6·25전쟁을 다룬 5장, 그리고 결론 격인 9장이 특히 읽을 만하다.

국방 개혁이라는 열망

제임스 로처 지음, 《포토맥강의 승리: 골드워터-니콜스법이 펜타곤을 통합하다》.

James R. Locher Ⅲ, *Victory on the Potomac: The Goldwater-Nichols Act Unifies the Pentagon*, Texas A&M University Press, 2002.

국방 개혁은 어떻게 가능할까? 국방 개혁의 대표적인 사례가 1986년 미국에서 입법화에 성공한 '골드워터-니콜스 국방재조직법 Goldwater-Nichols Department of Defense Reorganization Act'이다. 1947년 미 국방부와 합동참모부가 창설된 이후 가장 성공적인 개혁법안으로 알려져 있다. 법안의 내용도 중요하지만, 특히 우리가 주목해야 할 점은 국방부와 각 군의 반대를 물리치고 국방 개혁을 입법화할 수 있게 했던 성공 요인들이다.

1983년 미국의 그레나다 침공은 당시 그레나다에서 의료 활동 중이던 600여 명의 미국 의과대 학생들이 좌익 쿠데타 세력에 의해 억류될 것이라는 우려에서 감행됐다. 작전은 성공적으로 끝났지만, 그 과정에서 빚어진 통신과 지휘 체계의 혼선, 준비 부족, 각 군 간의 비협조 문제는 국방 개혁의 필요성을 주장하는 측에 힘을 실어주었다. 82nd Airborne Division soldiers, Grenada, 1983.

1980년 미군은 최악의 상황에 놓여 있었다. 베트남 전쟁의 트라우마가 깊게 드리워진 상황에서 이란 인질 구출 작전이 실패하면서 미국의 체면은 바닥으로 떨어졌다. 1982년에는 베이루트의 폭탄 테러로 241명의 미 해병이 사망하는 참사까지 발생했다. 진상 조사에 나섰던 미 의회조사단은 경악했다. 사전 대비는 물론 사후 수습도 엉망이었던 것이다. 지휘 체계는 분산돼 있었고 전체적으로 관리할 전략기획이 부재했다. 한마디로 합참이 제 역할을 못 하고 있었다. 1983년 그레나다 침공에서도 이런 문제가 불거지면서 국방 개혁의 필요성은 더욱 커졌다.

위기의 미군 지휘 체계

국방 개혁의 첫 번째 신호탄을 쏘아 올린 이는 당시 합참의장이었던 존스David Johns 장군이었다. 1982년 3월 미 하원 군사위원회 청문회에 나선 그는 합참의 의사결정 과정의 문제를 조심스럽게 제기했다. '위원회' 방식으로 운영되는 합참으로는 신속하고 효율적인 의사결정이 어렵다는 지적이었다. 더 일관된 지휘권의 통합이 절실했다. 그러기 위해서는 각 군의 분파주의를 극복할 특단의 방안이 필요했다. 합동성을 강화하는 것이 무엇보다 중요하다는 것이 그의 생각이었다.

당시 국방 조직 개혁법안이 입법화에 성공할 수 있을 거라고 생각한 사람은 많지 않았다. 창군 이래 각 군은 부대 운영과 작전에서 독자성을 누려왔고, 이를 지지하는 사람들도 많았다. 특히 당시 캐스퍼 와인버거Caspar Weinberger 국방장관이 부정적이었다. 자신이 잘 관리하고 있는데 무슨 문제냐는 반응이었다. 예산 삭감을 위한 꼼수라는 의혹도 있었다. 그는 로널드 레이건 대통령과도 친밀했다.

초기 미 의회도 부정적이기는 마찬가지였다. 국방안보 문제의 주도권을 갖고 있는 상원은 보수적인 공화당이 지배하고 있었다. 상원의원 대부분이 장교로 복무한 경험이 있었고, 개인적으로 각 군과 친밀한 커넥션을 갖고 있었다.

그런데도 국방 개혁을 염원하는 의회 지도자들과 그들의 보좌진은 4년 하고도 241일간의 고투 끝에 '골드워터-니콜스 국방재조직법'을 통과시키는 역사적 결실을 거두게 된다. 에드워드 메이어 Edward D. Meyer 전 육군참모총장을 비롯한 많은 군사 전문가들이 걸프전의 승리 등 1990년대 이후 미군이 이룬 빛나는 성취는 모두 이 법 덕분이라고 지적한다. 이 법이 미 국방부와 합참 조직을 만들어낸 1947년 국가안보법 이후 최대 성과로 인정받고 있는 것도 이처럼 눈에 보이는 성과 덕분이다.

이 책에 생생하게 묘사되어 있는, 법안 찬성 측과 반대 측의 치열한 공방전을 요약할 필요는 없을 것이다. 법안의 내용도 그리 중요하지 않다. 미국과 한국은 너무 다르기 때문이다. 그럼에도 이 법안의 입법화 과정에서 우리가 배울 교훈은 결코 적지 않다.

국방 개혁에서 무엇보다 중요한 것은 군 내부의 개혁적 지도자의 존재다. 합참 조직의 문제를 가장 먼저 제기한 사람은 존스 합참의장이었다. 그는 지휘 체계를 일원화하고 합참의장과 통합군사령관의 권능을 강화하자고 주장했다. 각 군의 독자성과 분파성을 약화시키는 것이 목표였다. 공군 출신의 존스는 합참의장 4년을 포함해 모두 8년간 합참에서 지냈다. 누구보다도 합참의 현실을 잘 아는 인물이었다. 그는 청문회에서 자기 의견을 개진하는 것으로 끝내지 않았다. 더욱 체계화한 논문을 발표해서 공감을 끌어냈다. 개혁에 반대하는 가장 강력한 저항 거점이었던 해군에서도 의미 있는 파문을 불러일으켰다. 당시 태평양함대 사령관인 윌리엄 크로William J. Crowe 제독이 존스의 주장에 힘을 실어주기 시작했다. 220척의 함정과 800여 대의 항공기 그리고 55개 기지에 22만 명의 병력을 관장하는 해군 최고의 지휘관이 나선 것이다.

의회 지도자의 초당적 협력

이러한 군부 일각의 문제 제기를 받아준 것은 백악관이 아니라 미 의회였다. 하원 군사위원회 윌리엄 니콜스William Nichols 위원장이 먼저 나섰다. 1982년과 1983년의 법안 상정은 니콜스 의원의 공이다. 하지만 이러한 노력이 상원의 무관심과 지능적인 저항으로 실패하자, 상원 군사위원회 위원장으로 등장한 배리 골드워터Barry

Goldwater 공화당 상원의원이 나섰다. 상원의원으로서 마지막 임기를 남겨두었던 그는 국방 개혁의 중요성을 인식하고 이를 자신의 마지막 과업이라 생각하고 깃발을 들었다. 그는 처음부터 이 문제에는 초당적 협력이 필요하다고 판단했다. 그의 파트너로 함께한 이가 샘 넌Sam Nunn 민주당 상원의원이었다. 이들은 1985년 1월부터 대통령의 재가가 떨어진 그날까지 함께했다. 그들이 만들어낸 초당적 협력은 지난 50년간 미국 의회가 보여준 가장 아름다운 모습으로 기억되고 있다. 이 법이 미 의회 군사위원회가 통과시킨 가장 중요한 법안으로 평가되는 이유도 여기에 있다. 1958년 드와이트 아이젠하워 대통령의 국방 개혁은 반쪽짜리 성공이었다. 의회가 개혁을 주도할 때 성과가 좋았다는 점에 유념할 필요가 있다.

법안이 입법화되기까지 가장 어려웠던 시간은 1986년 2월부터 시작된 상원 군사위원회의 법안 축조 심사 과정이었다. 반대 측을 대표했던 공화당의 존 워너John Warner 의원은 13개의 수정안을 내며 공세에 나섰다. 이런 상황에서 회의를 주관하던 골드워터 의원은 대화와 타협의 원칙을 고수했다. 골드워터와 넌 의원은 시간이 걸리더라도 충분한 토론을 보장하기로 마음먹었다. 찬반의 입장은 분명했지만, 상대편의 발언권을 제한하는 어떤 조치도 취하지 않았다. 그들은 최대한 당파적 입장에서 벗어나려 했다. 저자는 워너의 수정안을 토론하는 과정에서 법안이 더욱 정교해지고 완벽해졌다고 기록하고 있다.

반대 측은 군사위원회에서 10대 9 정도로 지더라도 전체 회의에서 뒤집을 수 있을 거라고 생각했다. 그러나 군사위원회의 공개 투표 결과는 19대 0의 압도적 찬성이었다.

실무 보좌진의 빛나는 역할

우리가 기억해야 할 또 하나의 성공 요인은 보좌진이다. 이 책의 저자를 비롯해 리처드 핀Richard Finn, 제프리 스미스Jeffry Smith, 아치 배럿Archie Barrett과 같은 보좌관들이 수행한 역할 말이다. 골드워터와 넌 의원이 지휘관이라면 이들은 탁월한 전사들이었다. 조사 보고서와 법안을 실제로 작성한 것은 이들이었다. 반대 측에서 이들을 실제적인 공격 목표로 삼았던 것도 이들이 담당한 역할이 그만큼 컸음을 증명한다.

이들의 노력은 결실을 맺어, 1986년 10월 1일 레이건 대통령의 재가가 떨어졌다. 말 그대로 4년 하고도 241일간의 고투가 성공적으로 끝난 것이다. 상층 지휘 구조의 개편에만 이 정도의 시간이 걸린 것이다. 빛나는 성취를 이룩한 인간의 의지와 노력, 그 열정에 경외심을 가지지 않을 수 없다.

이 책의 저자 제임스 로처는 미 육사 출신으로 미 상원 군사위원회 보좌관으로서 입법화 작업의 실무 책임을 맡았다. 반대 진영에서 이 법안을 '로처 법안'이라 부를 정도로 그의 역할은 결정적이었다. 현장을 지킨 저자의 글이기에 마치 회의실에서 토론 과정을 지켜보고 있는 것처럼 생생하다. 법안의 내용보다는 의회, 국방부, 합참, 각 군, 백악관, 민간연구소 등이 만들어내는 역동적인 상호작용에 주목할 필요가 있다. 국방 개혁을 열망하는 이라면 반드시 읽어야 할 책이다.

민주주의를 둘러싼 신화

아자 가트 지음, 《민주주의의 강점과 약점: 민주주의는 왜 20세기에 승리했으며 여전히 위태로운가》.

Azar Gat, *Victorious and Vulnerable: Why Democracy Won in the 20th Century and How It Is Still Imperiled*, Rowman & Littlefield, 2010.

민주주의가 20세기 최후의 승자가 된 이유는 무엇일까? 대개는 두 차례의 세계대전과 공산주의와의 이념 경쟁에서 민주주의가 승리한 이유로서 체제의 우월성을 강조한다. 그러나 이 책의 저자는 꼭 그렇지만은 않다고 대답한다. 더 나아가 민주주의가 늘 승리하는 것도 아니라고 지적한다.

텔아비브대학의 아자 가트 교수가 민주주의 문제를 들고 나온 것은 학계나 정치권에 널리 퍼져 있는 민주적 평화론이나 체제 우월론이 야기하는 심각한 해악을 인식하고 있기 때문이다. 즉 민주주의가 역사의 궁극적 승리자가 될 것이며, 모든 전쟁에서 이길 거란 생각은 근거 없는 환상이라는 것이다. 이를 증명하듯, 1990년대 이후 민주주의가 승리를 구가하고 있지만, 눈 깜박할 사이에 미국 중심의 민주주의 체제는 심각한 도전에 직면해 있다.

대표적인 것이 중국과 러시아로 대표되는 비민주적 강대국의 등장이다. 많은 전문가는 자본주의의 발전은 민주주의를 심화시키는 구조적 유인이 되기 때문에 중국이나 러시아 역시 경제성장과 함께 민주화의 경로를 밟을 것이라 낙관하고 있다. 여기에 민주주의 국가들 간에는 전쟁으로 문제를 해결하지 않는다는 민주적 평화론이 결합하면 낙관주의 역사관은 정점을 찍는다.

그러나 이러한 낙관론을 믿기에는 역사가 그리 단순하지 않다. 우선 민주적 평화론에서 주장하는 것처럼 민주주의 국가들끼리는 전쟁을 기피한다는 가설은 역사적으로 타당하지 않다. 두 차례의 세계 전쟁과 이후의 국지전을 살펴보면 후진국에서 선진국으로 도약하는 국가들, 즉 기존의 세력 균형을 변경하려는 행위자들에 의해 세계는 몸살을 앓아왔다. 신흥 강대국이었던 독일이나 일본 그리고 옛 소련이 세계 평화에 위협으로 등장했던 이유도 여기에 있다. 새롭게 도약하는 국가가 기존 강대국 중심의 질서를 받아들일 수 없을 때 전쟁이라는 극단적 방편을 선택하는 것이다.

미국 변수

사실 두 차례의 세계대전에서 독일이나 일본이 패배한 것은 체제적 한계 때문이 아니었다. 전체주의 통치자의 독선과 오만이 전쟁을 잘못 이끈 탓도 크지만 그렇다고 연합군 지휘관이 그리 유능했던 것은 아니다. 민주주의 우월론자들의 생각과 달리 전체주의 체제의 생산성이나 동원력은 영국이나 미국에 결코 뒤떨어지지 않았다. 제2차 세계대전 당시 소련이 보여주었던 탁월한 전쟁 수행 능력을 고려하면, 민주 체제의 우월성을 고집할 수만은 없다.

가트 교수는 세계대전에서 연합군의 승리는 '미국 변수'에 의해서만 설명 가능하다고 주장한다. 미국이라는 거대한 자원이 연합군 편에 섰기 때문에 가능한 승리였다는 것이다. 뒤집어 말하면, 독일이나 일본이 규모의 경제에서 밀렸기 때문에 패한 것이지, 체제적 문제 때문에 패한 것은 아니었다. 당시 중견국 수준이었던 독일이 최대 자원 보유국인 미국과 소련으로 구성된 거대한 경제-군사 연합을 이겨낼 수는 없었던 것이다. 민주주의가 전체주의에 비해 어떤 내재적 우월성을 갖고 있었기 때문에 승리한 것이 아니라는 얘기다.

비민주적 강대국이 위험한 이유

이러한 주장은 단순히 역사적 분석으로 끝나지 않는다. 만약 전쟁의 승리가 체제적 우월함이 아닌 규모의 경제에 따른 것이라면, 오늘날 민주주의 체제가 직면한 거대한 중국이나 새롭게 부상하는 러시아의 존재는 전혀 다른 차원의 도전으로 인식되어야 한다.

저자는 자본주의의 발전이 민주주의의 심화를 가져올 것이라는 통념에도 의문을 제기한다. 동아시아 국가들이 보여주었던 권위주의적 발전의 가능성은 여전히 유효하다. 특히 중국의 경우 집권 공산당에 대한 만족도가 높기 때문에 대의제적 민주주의로 이행할 가능성은 크지 않다. 정치적으로 강압적이지만 충분히 효율적인 권위주의 체제와 거대한 규모의 개방적 자본주의의 결합이 가능하다면, 세계가 어떤 도전에 직면할지 쉽게 상상할 수 있다. 저자가 언급했듯이, 민주주의가 승리를 구가하면서 역사의 종언을 외쳤던 때가 엊그제 같은데, '눈 깜박할 사이에' 세계는 이전과 비교할 수조차 없는 도전에 직면해 있는 것이다.

민주주의 체제가 직면한 어려움은 이것만이 아니다. 어쩌면 더 심각한 것은 여전히 덜 민주화된 국가로부터의 도전들이다. 9·11테러야말로 이러한 도전의 심각성을 보여주는 극적인 사건이었다. 이후 이라크와 아프가니스탄에서의 전쟁은 미국을 비롯한 연합군에는 벗어날 수 없는 수렁 같은 것이었다. 정규군과의 전쟁은 손쉽게 끝냈지만, 이후 권위주의 체제의 철권통치가 사라진 상황에서 들불처럼 퍼져가는 무장 반군을 소탕하는 일은 거의 불가능에 가까웠기 때문이다.

사실 지난 2세기 동안 유럽의 선진국이 제3세계 식민지에서의 비정규전을 성공적으로 이끈 경우는 극히 드물다. 미국 역시 베트남에서 이라크에 이르기까지 사실상 실패의 기록만 쌓아왔을 뿐이다. 많은 전문가들은 잘못된 정책 목표와 부적절한 전술, 불철저한 준비와 훈련, 그리고 의지 결핍 등으로 이러한 실패를 설명해왔다. 가트 교수 역시 기존 설명을 전적으로 부정하지는 않는다. 하지만 그의 주장은 더욱 근원적이고 인식론적이다.

과거 역사를 살펴보면 제국의 지배에 저항할 경우 그에 대한 처벌은 극도로 야만적이었다. 반란에 참여한 사람과 가족은 말할 것도 없고 심지어 부족 전체가 살육당했다. 사소한 저항에 대해서도 극단적인 폭력을 행사함으로써 감히 도전할 생각조차 하지 못하게 했던 것이다.

민주주의의 취약성

그러나 문명화된 세계에서 이러한 야만적 폭력은 수용하기 어렵다. 민주주의의 발전과 인권 개념의 심화는 불법행위에 대한 문명화된 처벌을 기대하게 한다. 설령 폭력적인 테러리스트라 할지라도 정상적인 재판과 인도주의적 대우를 요구할 수 있다. 전체주의에서는 상상할 수도 없는 대우를 해주는 것이 민주주의 체제다. '인도주의적 개입'과 같은 추상적인 가치 때문에 자신들의 아들딸들이 피를 흘리는 것을 누구도 이해하려 하지 않는다. 이러한 논리는 분쟁 지역 민간인에게도 적용된다. 테러리스트를 소탕하기 위한 군사적 개입에 동의하더라도 그 과정에서 죄 없는 민간인이 희생되는 일은 용납하기 어렵다.

테러리스트나 무장 반군이 노리는 것이 바로 이런 점이다. 그들은 민간인이자 반군이다. 일상적인 상황에서는 민간인에 뒤섞여 있기 때문에 반군을 구분하는 것 자체가 불가능한 일이다. 전투 지역과 비전투 지역의 구분 자체도 없다. 테러의 실질적인 대상은 일상적인 삶 그 자체이기 때문이다. 서방의 포로나 민간인을 잡아다 참수하는 것도 민주주의 체제에서는 상상하기 어렵다. 야만적 폭력 행사를 통해 포기(혹은 항복)를 종용하는 것이 테러 집단의 우세 전략이다.

민주주의는 많은 장점을 갖고 있다. 공산주의와의 이념 경쟁에서 승리할 수 있었던 것도 자유와 효율성을 추구하는 체제의 우월함이 있었기 때문이다. 그렇다고 해서 민주주의가 다른 체제와의 전쟁에서 늘 승리하는 것은 아니다. 저자가 설득력 있게 보여주듯이, 두 차례 세계대전에서의 승리가 체제적 우월성의 결과라고 보기 어렵고, 민주주의 체제에 내재된 취약성 또한 적지 않다. 민주주의의 체제적 우월성은 인정해야겠지만 민주주의가 늘 승리할 것이라는 신화에서도 벗어나야 한다는 것이 저자의 통찰이다. 그러한 취약성이 인도주의적 문명의 의도하지 않은 효과겠지만 그에 대한 정확한 이해는 매우 중요한 것이다.

이 책은 분량이 200쪽도 되지 않지만, 내용은 풍부하다. 문명사적 관점에서 전쟁을 연구해온 저자의 내공이 잘 드러나 있다. 지난 2세기 동안 근대 세계 발전에 결정적 요소로 작용했던 자유주의, 자본주의, 민주주의가 어떻게 전쟁과 연결되는지를 이처럼 잘 보여주는 책도 없을 것이다.

끝도 없는 전쟁

도널드 스토커 지음, 《미국은 왜 전쟁에서 패배하는가》.

Donald Stoker, *Why America Loses War*, Cambridge University Press, 2019.

아프가니스탄에서 미국과 탈레반의 협상이 진행되면서 미군 철수는 더욱 빨라질 것으로 예상된다. 8000명 가운데 일부는 남는다고 하지만 미군이 아프가니스탄을 떠난다는 것은 되돌리기 어려울 것이다. 사실상 미군의 패배다. 왜 미군은 패배의 늪에서 빠져 나오지 못하는가. 이유를 알기 위해 도널드 스토커의 저서《미국은 왜 전쟁에서 패배하는가: 6·25전쟁에서 현재까지 제한전과 미국의 전략》을 참고해볼 만하다.

미국의 전쟁 방식과 한계

저자인 도널드 스토커 교수는 미국 해군대학에서 전략과 안보를 담당하고 있다. 우리나라로 치면 공무원 신분이라 할 수 있다. 그럼에도 그의 논지는 냉혹하리만치 신랄하다. 2019년 8월 이 책이 출판됐을 때 워싱턴의 정가는 다시 한번 베트남의 악몽을 떠올렸다. 2001년부터 시작된 아프가니스탄 전쟁에서 미국이 내린 결론은 더 이상 전쟁을 수행할 수 없다는 것이었다. 그러니 지금까지 미군을 믿고 탈레반과 싸워온 아프간 정부에 모든 것을 맡기고 떠나자는 것이었다. 과거 베트남에서 미국이 그렇게 떠났듯 말이다.

저자는 이러한 미국의 전쟁 수행 방식이 이미 6·25전쟁에서부터 확립된 것이라고 지적한다. 이 책의 부제를 '6·25전쟁에서 현재까지'라 붙인 이유다. 6·25전쟁 이후 미국은 쉼 없이 전쟁을 치렀다. 그러나 제대로 이긴 전쟁은 1991년의 걸프전뿐이다.

걸프전의 경우 쿠웨이트를 침공한 이라크군을 몰아낸다는 분명한 정치적 목표가 있었다. 그리고 100시간 만에 목표를 달성하자 정전이 선언됐다. 그러나 이후의 아프가니스탄 전쟁이나 2003년 시작된 이라크 전쟁에서는 개전 당시의 정치적 목표를 달성하는 데 실패했다. 테러리즘의 뿌리를 걷어내고 민주주의를 건설한다는 거창한 목표를 주창했지만, 사실상 실패한 것이다. 아프가니스탄 전쟁에서 미군을 포함한 연합군 전사자만 2700명에 달한다. 1조 달러나 되는 돈을 퍼붓고도 상처만 남았다.

제한전에 대한 잘못된 인식

왜 이런 일이 벌어지는 것일까? 사실 이런 일은 처음이 아니다. 저자의 설명대로 베트남 전쟁의 재현인 것이다. 조짐은 이미 6·25전쟁에서부터 나타났다. 저자에 따르면, 미국 정치 지도자들은 전쟁을 어떻게 생각해야 할지 몰랐다고 한다. 특히 그들은 늘 제한전limited wars을 통해 정치적 목표를 달성하려 했지만 사실은 제한전에 대해 제대로 이해하지 못했다는 것이다. 이 책은 전쟁 일반과 제한전에 대한 잘못된 인식이 어떻게 6·25전쟁과 베트남 전쟁, 그리고 이라크 전쟁에서 엄청난 실패를 가져왔는지를 설득력 있게 보여준다.

미국의 정치 지도자들은 미국의 권능을 보여주기 위해 전쟁에 뛰어드는 것을 주저하지 않았다. 공산주의자건 테러리스트건 미국이 응징해야 할 적들을 묵과하지 않았다. 문제는 군사적 승리든 정치적 승리든 목표 달성에 요구되는 적절한 규모의 군사를 파견하는 데는 늘 망설였다는 점이다. 사실 미국 국내의 정치적 상황을 고려하면 대규모 군대를 파견하는 것은 현실적으로 가능하지 않았다.

결국 미국 정치 지도자가 처한 의지와 능력의 불일치가 가져온 전쟁 방식은 제한전이었다. 적에 대한 압력을 점차 늘려가면서 미국이 의도한 결과를 가져올 수 있다고 생각한 것이다. 그러나 제한전을 통해 뭔가 이루겠다는 생각은 전쟁을 승리로 이끌고 이후 평화를 확보하는 미국의 능력을 심각하게 악화시킬 따름이라는 것이 저자의 주장이다.

끝도 없는 전쟁

문제는 미국의 지도자들은 그들이 원하는 것이 무엇인지, 그리고 승리를 어떻게 정의해야 할지에 대한 정확한 인식도 없이 너무 쉽게 전쟁에 뛰어든다는 것이다. 그 결과 미국은 '끝도 없는 전쟁'에 휘말려 들고 있다고 저자는 분석한다.

그렇다면 왜 이런 일이 일어나는가? 미국의 정치 지도자와 군 지휘부는 전쟁 수행의 가장 중요한 요소를 이해하지 못하고 있다는 것이 저자의 주장이다. 즉 전쟁을 수행하는 '목표'에 대한 정확한 인식이 결여되어 있다는 것이다. 그러다 보니 이러한 목표를 달성할 '전략적 사유'가 빈곤하기 마련이다. 전략적 사유 없이 어떤 수단을 사용할지, 어떻게 전술적 승리를 거둘지, 어떻게 적에게 자신의 의도를 전달할지에 대해 끝없는 토론만 하고 있다는 것이다.

저자는 클라우제비츠 전공자답게 전쟁의 목표를 묻고 있는 것이다. 전쟁은 정치적 목표를 달성하기 위한 수단이다. 따라서 정치적 목표가 분명하고 실현 가능해야 승리를 기대할 수 있다. 전쟁을 수행하는 이유가 분명하지 않거나 너무 많은 목표를 추구하는 경우, 그리고 주어진 수단으로는 목표를 실현할 가능성이 없다면 아무리 초강대국이라도 전쟁에서 승리를 보장할 수 없다. 정치적 목표가 불확실하다면 어떤 일관된 전략도 수립할 수 없다. 목표가 명료하게 정의되지 않는다면 어떤 군대든 목표 달성을 기대할 수 없다.

왜 자꾸 패배하는가

저자도 지적했지만 이라크와 아프가니스탄에서의 전쟁이 전혀 무용한 것은 아니었다. 결과론적이긴 하지만, 미군은 새로운 전쟁 양상을 다시 경험하게 되었고 이러한 전쟁에 대비할 역량을 갖추고도 있다. 그런 점에서 중동에서의 고통스러운 경험이 나쁜 것만은 아니었다. 그러나 그런 것들은 전술적인 것이다. 즉 어떻게 싸우느냐의 문제다. 중요한 것은 올바른 정치적 목표를 달성하는 '전략적 사고'다. 결국 주어진 정치적 여건에서 실현 불가능한 목표를 추구하는 것은 군사적 재앙을 가져올 뿐이라는 것이 저자의 냉철한 비판이다.

물론 이런 주장이 새로운 것은 아니다. 하란 울만Harlan Ullman은 저서《패배의 해부: 미국은 왜 자신이 시작한 모든 전쟁에서 패배하는가?Anatomy of Failure: Why America Loses Every War It Starts》(2017)에서 비슷한 주장을 했다. 정치 지도자나 관료들이 지금껏 건전한 전략적 사유를 하지 못했고, 파병을 결정하기 전에 현지 상황에 대한 충분한 지식이나 이해가 없었기 때문에 늘 패배한다는 것이다.

스토커는 한 단계 더 들어가 제한전에 대한 정치적 사고를 제기한다. 정치적 맥락에서 전면전을 하기 어렵다면, 제한전은 불가피하다. 그러나 제한전의 방식으로 정치적·군사적 목표를 달성하기는 어렵다. 그렇다면 어떻게 해야 할까? 4세대 전쟁이나 하이브리드 전쟁에 대한 고민이 깊은 이유도 여기에 있다. 이제는 제한전 자체를 거부하는 것이 아니라, 그에 대한 전략적 고민을 더해야 할 시점인 것이다.

미군들이 즐겨 쓰는 표현이 있다. "Fight Tonight!" 그러나 전쟁에서 승리하기 위해서는 잘 싸우는 것만으로는 충분하지 않다. 경우에 따라 '상대의 마음을 사로잡는 것'이 더욱 중요할 수 있다. '전략적' 사유는 단순히 대전략을 말하는 것이 아니다. 정치적 목표를 달성해줄 가장 지혜로운 방식이 전략적 지혜인 것이다. 군인이 지혜로워야 하는 이유도 여기에 있다.

PART

3

그들은 어떻게 싸우는가

*

전투 과정에서의 살상은 그 정당성에도 불구하고 대다수 병사들을 인간적 죄책감에 휩싸이게 한다. 불가피한 전투 상황에서 적을 죽인 것은 칭찬받아 마땅한 일이지만, 인간적 자책을 피할 수는 없다는 것이 수많은 참전 용사들의 증언이다. 결국 전투 살해를 피할 수 없는 상황에서 이를 지속적으로 정당화하고 합리화하는 노력을 기울여야 한다.

누가
싸우는가

존 키건 지음, 《전쟁의 얼굴》, 정병선 옮김, 지호, 2005년.
John Keegan, *The Face of Battle*, Vintage Books, 1976.

전쟁사와 관련된 대부분의 책은 승패의 요인을 찾는 데만 집중한다. 그러다 보니 양측의 전력이나 전투의 전개 과정에 집중하는 경향이 많다. 정작 실제 전투가 어떻게 벌어지는지, 병사들은 어떤 심정으로 전투에 참여하는지를 보여주는 책은 찾기 힘들다.

영국의 저명한 전쟁사학자 존 키건이 1970년대에 저술한 이 책은 전쟁의 생생한 민낯을 보여준 현대의 고전으로 평가받는다. 전쟁을 다룬 많은 책들이 어떤 장군이 어떤 전략과 어떤 정신으로 전투를 승리로 이끌었는지를 잘 분석하고 있지만, 실제 전투에서 '어떻게'

궁수가 중갑 보병을 물리쳤는지, 병사들은 '왜' 총알이 빗발치는 적진을 향해 돌격하는지를 제대로 설명해주지 못한다는 것이 저자의 문제의식이다.

극단적인 위험에 처해 있는 병사의 입장에서 전투의 본질은 '개인의 생존'이다. 그들의 마음을 지배하는 것은 두려움이다. 누구나 아군이 용감하게 싸워주기를 바라겠지만 한 번 전열이 무너지면 오합지졸로 변해버리기 십상이다. 그러므로 지휘관의 '승패 위주'의 가치체계는 부하들의 관심사와 무관하거나 때로는 충돌하기도 한다. 그래서 저자는 실제 전투가 어떻게 이루어지는지, '병사들은 어떻게 그리고 왜 두려움을 억누르고, 부상을 움켜쥐고, 죽어가는지를 말해보는 것'을 목표로 삼고 있다. 이를 통해 '전쟁의 민낯'을 포착하려는 것이다.

전투 경험의 상이함

저자가 선택한 전투는 아쟁쿠르 전투(1415), 워털루 전투(1815), 솜 전투(1916)다. 영국 샌드허스트육군사관학교 교수답게 영국군이 프랑스에서 치른 역사적 전투를 골랐다. 이들 전투는 각기 다른 무기체계(장궁, 화승총, 기관총과 대포)를 이용한 전투를 대표한다.

책의 가장 큰 미덕은 전투가 벌어지는 모습을 생생하게 보여준다는 점이다. 저자는 아쟁쿠르 전투를 12개의 주요 사건으로 구분하

영국의 36사단은 모두 아일랜드 얼스터 출신의 신교도로만 구성된 자원부대(당시 국방장관의 이름을 따서 '키치너Kitchener' 부대라 불림)로서 '얼스터 사단'이라 불렸다. 솜 전투 첫날 돌격에서 독일군의 두 번째 참호선까지 진격하는 투혼을 발휘했지만, 처음 이틀 동안 5500명의 사상자가 발생할 정도로 참혹한 공격이었다. 제임스 비들James P. Beadle, 「얼스터 사단의 공격Attack of the Ulster Division」(1916). 캔버스 유화. 벨파스트시청 소장.

여 각각의 사건들을 세밀하게 분석한다. 이를테면 양측의 대치 거리는 장궁의 사거리(230미터)를 감안해 230~270미터 정도였을 거라고 추론하는 식이다. 이는 프랑스 기병이 시속 20~24킬로미터로 달릴 경우 약 40초 만에 주파할 수 있는 거리였다. 또한 40초는 영국 장궁병이 10초에 한 발씩 세 발 정도를 발사하고 나서, 눈앞에 닥쳐온 프랑스 기병을 피해 숨겨둔 말뚝 뒤로 물러날 정도의 시간이었다. 체중 140킬로그램이 넘는 기마가 최고 속력으로 돌진할 경우 갑자기 등장한 날카로운 말뚝 앞에서 멈춰 서기에는 너무 늦다. 선두의 말들은 말뚝에 찔려 고꾸라졌고 뒷줄의 기사들은 말머리를 돌려야 했다. 원래 기병이 노린 충격은 물리적인 것이 아니라 정신적인 것이었다. 그러나 충격이 먹혀들지 않으면 공격한 측이 오히려 그 반동에 휘청거릴 수밖에 없었다. 그런 점에서 다분히 심리적이다.

키건은 워털루 전투에서 무적의 프랑스 근위대의 퇴각을 세밀히 분석하면서 전장에서 겪는 병사의 불안을 부각시킨다. 문제는 전술의 실패에서 출발했다. 영국은 선형의 횡대 전열로 화력을 집중시킨 반면, 프랑스군은 종대로 진격했다. 종대는 전열의 화력을 약화시킬 뿐만 아니라 상대의 측면 사격에 둘러싸일 위험도 컸다. 프랑스군은 영국군의 초기 공격에 큰 피해를 보았지만 아직 괴멸될 수준은 아니었다. 문제는 후미였다. 전방에서 무슨 일이 일어나는지 모르는 후미의 병사들은 갑작스러운 충돌음과 고통스러운 외침, 그리고 급박한 진동에 휘말려 갑자기 도망치기 시작했다.

그는 합리적 추론이나 심리적 분석에서 멈추지 않는다. 전장에서 부상이나 죽음을 감당해야 했던 병사의 고통까지 쓰다듬는다. 1916년 7월 1일 7시 30분 개시된 솜 전투에서는 하루에만 6만 명에 이르는 사상자가 발생했다(2만 명이 목숨을 잃었다). 후송돼 적절한 치료를 받았다면 살아났을 수천 명의 병사들이 양측 참호 사이에 2~3일씩 방치된 채로 어떤 위로도 받지 못하고 고통스럽게 죽어갔다. 저자는 전투에서 발생하는 부상과 그에 따른 고통을 세밀히 묘사하면서 전투의 참혹한 얼굴을 드러낸다.

전투의 본질은 변하는가

500년이라는 기나긴 시간의 흐름 속에서 발생한 전투는 서로 상이한 모습을 띨 수밖에 없다. 활과 총, 대포와 기관총은 발사체라는 공통점을 갖고 있지만, 전술적 운용과 살상력에는 큰 차이가 있다. 그래서 전투의 모습 또한 다르기 마련이다. 전쟁의 얼굴을 보여주려는 저자의 목표는 어쩌면 그런 차이를 드러냄으로써 보편적 용어로 치환될 수 없는 개별 전투의 개성을 강조하고 있는 듯하다.

저자는 우선 변화를 인정한다. 기술 발달에 따른 무기 체계의 변화는 싸우는 방식을 변화시키기 마련이다. 아쟁쿠르의 프랑스 기병이나 솜의 영국군처럼 새로운 무기와 전술에 제대로 대응하지 못하면 참혹한 실패를 경험할 수밖에 없을 것이라는 지적이다.

그렇다면 전투의 본질은 시대와 함께 변하는 것일까? 저자의 대답은 그렇지 않다는 것이다. 각기 다른 얼굴을 갖고 있지만 본질적 동질성을 지닌 인간과 마찬가지로 변하지 않는 전투의 본질 또한 있다고 말한다. 저자는 궁극적인 전투의 승패는 보병에 의해 결정될 수밖에 없다고 주장한다. 첨단 무기가 사용되는 이라크와 아프가니스탄에도 결국 보병이 투입돼야 했다. 보병 간의 전투에서 승패가 결정된다면 결국 '전투 의지'가 가장 중요한 요소로 남는다. 워털루에서 프랑스군 못지않은 두려움과 공포에 떨었던 영국군이 끝끝내 전열을 유지한 것은 강고한 전투 의지가 살아 있었기 때문이다. 전투 의지 자체는 심리적인 것이지만 이것이 형성되는 데는 역사적 전통, 사회적 구조, 문화적 태도가 중요한 역할을 한다는 점 또한 기억할 만하다.

서론 격인 1장은 군사학軍史學에 관한 다소 지루한 논의를 담고 있어 역사학자가 아니라면 뛰어넘어도 좋을 듯하다. 세 번의 전투를 다루는 본론은 매우 재미있고 쉽게 읽힌다. 비교 분석이 많기 때문에 순서대로 읽는 것이 좋다. '미래의 전투'를 다룬 5장은 다소 논쟁적인 주장을 담고 있지만, 진지하게 읽을 필요가 있다. 실제 전투가 어떤 모습을 띨지 궁금한 지휘관이라면 반드시 읽어야 할 명저다.

전투 살해의 본질

데이브 그로스먼 지음, 《살인의 심리학: 살인 학습의 심리적 대가》, 이동훈 옮김, 플래닛, 2011년.

Dave Grossman, *On Killing: The Psychological Cost of Learning to Kill in War and Society*, Little, Brown, 1995.

전장에서 누구나 주저 없이 적군을 죽일 수 있을까? 적을 죽이지 않으면 자신과 동료들이 죽을 수밖에 없는 상황이라면, 다소 어려움이 있겠지만 누구나 총을 들고 적군을 향해 발사하리라는 것이 상식적인 생각이다. 그러나 그로스먼 교수는 문제가 그렇게 간단하지 않다고 얘기한다.

데이브 그로스먼은 미국 육군사관학교 심리학과와 아칸소주립대학 군사학과 교수를 역임한 20년 군 경험의 예비역 중령이다. 그의 문제의식은 S. L. A. 마셜Samuel Lyman Atwood Marshall 장군의《사격을 거부하는 군인들: 전투지휘의 문제점Men Against Fire: The Problem of Battle Command》(1947)에서부터 시작된다. 제2차 세계대전에서 미군들이 어떻게 전투를 수행했는지를 현장 조사했던 마셜은 병사의 15~20퍼센트 정도만 실제 전투에서 총을 쏘았다는 충격적인 결과를 발표했다. 그 이유는 "대다수 사람들이 자신과 같은 인간을 죽이는 데 아주 강한 거부감을 느끼기 때문"이라고 밝혔다.

사격을 주저하는 군인들

사실 이러한 주장은 많은 역사적 근거를 갖고 있다. 대표적 사례가 게티즈버그 전투다. 전투 현장에서 수거된 2만 7000여 정의 소총 가운데 거의 90퍼센트(2만 4000여 정)가 장전되어 있었고, 그중 1만 2000여 정은 두 번 이상, 그리고 6000여 정은 세 번 이상 장전된 채로 발견됐다. 많은 병사가 사격은 하지 못하고 장전만 반복한 것이다. 사격에 대한 주저가 자신의 목숨마저 앗아간 셈이다. 그들은 왜 목숨이 걸린 전투에서 사격하지 않고 수십 초씩 소요되는 장전에만 몰두한 것일까?

마셜의 주장은 학계에서는 대체로 무시됐지만 미 육군은 이를 심각하게 받아들였다. 그의 조언에 따라 새로운 훈련과정이 도입되어 효과를 발휘하기 시작했다. 새로운 군사훈련에서는 심리학자 스

전투에서 남군의 돌격을 막고 있는 북군의 모습. 16만여 명의 남군과 북군이 결전을 벌여 5만 3000여 명의 사상자가 발생한 게티즈버그 전투에서 1만 8000여 정의 중복 장전된 총이 발견되면서 '사격을 거부하는 군인들'이 존재했다는 역사적 사례로 제시되었다. 투르 디 툴스트럽Thure de Thulstrup, 「게티즈버그 전투Battle of Gettysburg」(1887). 모조 피지 석판화. 미국 국회도서관 소장.

키너Burrhus Frederic Skinner가 발전시킨 '조작적 조건 형성 기법'이 활용됐다. 실감나게 재현된 훈련장에서 사람 모양의 표적 등장과 반사 사격, 그리고 명중 시에 표적이 쓰러지는 즉각적인 피드백과 결과에 따른 보상(포상 휴가) 등으로 전투에 적합한 인간을 만들어냈다. 사격을 회피하는 심리 기제를 크게 완화하도록 훈련이 설계된 것이다. 그 결과 6·25전쟁에서 사격 비율은 55퍼센트까지 높아졌고, 베트남에서는 90퍼센트대까지 올랐다.

다른 인간을 죽여야 하는 부담감

병사들의 정신이 붕괴되는 원인은 여러 가지다. 대다수 사람들은 죽음의 공포를 주요 원인으로 떠올릴 것이다. 그러나 적과 일대일로 맞선 상황에서 적을 죽여야 하는 것만큼 힘든 일은 없다고 한다. 육체적 고통은 일시적이지만 살인의 죄책감은 지속되기 때문이다. 생존율(25퍼센트)이 훨씬 낮았던 폭격기 조종사보다 전투 보병들이 더욱 심각한 정신적 붕괴를 경험한 것도 이 때문이다.

그로스먼은 이런 문제를 해결하기 위해서는 전투 살해의 심리적 본질을 잘 이해해야 한다고 주장한다. 그 출발점은 "대다수 사람들은 자신과 같은 인간을 죽이는 데 아주 강한 거부감을 느낀다"는 사실을 인식하는 것이다. 할리우드 전쟁 영화에서 열심히 싸우는 병사들의 모습에 익숙한 우리에게는 무척이나 당혹스러운 주장이다. 하지만 실제로 살해에 대한 거부감은 존재하며, 많은 군인이 전투 살해로부터 심각한 정신적 손상을 받고 있다. 그에 대한 증거 역시 차고 넘친다는 것이 저자의 주장이다.

그의 말처럼 "우리는 같은 인간을 죽이는 것에 강력히 저항하는, 인간 내면에 존재하는 힘의 본질을 결코 이해하지 못할지도 모른다". 물론 그렇지 않은 2퍼센트의 공격적인 사이코패스가 존재한다는 점은 인정한다. 그러나 대다수 사람들은 전투 중의 살해라고 해도 심각한 죄책감에 시달린다. 그 '살해의 짐'이 너무 크기 때문에 정신적으로 감당하기 어려운 것이다. 이러한 사실은 전투를 지휘해야 하는 지휘관에게 적지 않은 부담이 된다. 적을 향해 총을 쏘지 못하고 웅크리고 있거나 조준사격을 기피하는 일이 비일비재하기 때문이다. 그러므로 병사들이 감당해야 하는 심리적 부담을 보다 정확히 파악하는 것은 성공적인 전투 지휘를 위해 무엇보다 중요한 일이다.

그런 면에서 전투 살해에 영향을 미치는 모든 요인이 제시되는 '4부 살해의 해부'가 이 책의 핵심이다. 저자는 전장에서 병사들이 적을 향해 조준사격을 하기 위해서는 존중하는 지휘관의 강력한 명령, 부대원들 간의 끈끈한 유대에서 비롯되는 책임감과 집단적 면죄, 반복 훈련을 통한 전투 실행, 적에 대한 사회적·문화적 거리감, 표적의 명료함과 유인 등 다섯 개의 요인이 갖춰져야 한다고 강조한다.

예컨대 적절한 훈련을 받은 부대원들이라면 문화적으로나 인종적으로 거리가 먼 것으로 인지된 적군과 조우했을 때, 존경받는 지휘관의 명령에 따라 방아쇠를 당길 가능성이 가장 커진다. 특히 중요한 것은 부대원들 간의 관계다. 많은 연구에 따르면 "온전한 인간이라면 하고 싶지 않은 일, 즉 전투에서 적을 죽이는 일을 하도록 군인을 동기화하는 주요 요인은 자기 보존의 힘이 아니라 전장의 동료들에 대해 느끼는 강한 책임감"이다.

인간 본성에 대한 이해

전투 과정에서의 살상은 그 정당성에도 불구하고 대다수 병사들을 인간적 죄책감에 휩싸이게 한다. 불가피한 전투 상황에서 적을 죽인 것은 칭찬받아 마땅한 일이지만, 인간적 자책을 피할 수는 없다는 것이 수많은 참전 용사들의 증언이다. 결국 전투 살해를 피할 수 없는 상황에서 이를 지속적으로 정당화하고 합리화하는 노력을 기울여야 한다. 전투 지휘를 책임진 일선 지휘관의 역할이 중요한 부분이다. 그런 노력이 없으면, 병사들의 정신적 붕괴를 막기는 어렵기 때문이다.

"전쟁에 대한 이해는 인간 본성에 대한 이해에서 출발"하는 것처럼 전투 지휘의 기본 역시 다른 인간을 살해해야 하는 병사들의 마음을 제대로 읽으려는 노력에서부터 시작해야 한다. 우리 군의 초급 지휘관 교육과정에도 이와 관련된 프로그램을 개설해야 하는 이유다. 병사들의 훈련과정에도 조준사격 거부를 통제하는 방안이 포함되어야 할 것이다.

과도한 추론과 일반화의 오류가 눈에 띄기는 하지만, 인간 내면에 대한 깊이 있는 분석과 정치한 설명이 저자의 주장을 믿음직스럽게 만든다. 병사들에게 사격을 명령할 초급지휘관과 병력 운용 및 관리를 담당하는 정책 결정자까지 모두 필독해야 할 책이다.

어떻게 싸우는가

데이브 그로스먼·로런 W. 크리스텐슨 지음, 《전투의 심리학: 목숨을 걸고 싸우는 사람들의 심리와 생리》, 박수민 옮김, 열린책들, 2013년.

Dave Grossman with Loren W. Christensen, *On Combat: The Psychology and Physiology of Deadly Conflict in War and in Peace*, PPCT Research Publications, 2004.

총탄이 빗발치는 전투 상황에서 우리 몸은 어떻게 반응할까? 할리우드 영화에서 보는 것처럼 잘 싸울 수 있을까? 순간적인 청각 장애 정도만 발생하는 것일까? 우리에게 달려오는 적을 향해 총은 쏠 수 있을까? 두서없는 질문들이 떠오른다. 이 책의 저자인 그로스먼 교수는 잘 싸우기 위해선 전투의 실제부터 이해해야 한다고 조언한다.

국가의 운명에 전쟁만큼 결정적인 것은 없다. 그런 만큼 이에 관한 논의 또한 끊임없이 이어져왔다. 그럼에도 유독 전투 상황에서 병사들이 감당해야 할 정신적·육체적 고통에 대한 논의는 미흡했다. 사실 우리는 전투 상황에서 순간적인 공황이 발생할 수도 있음을 알고 있지만 여기에 어떻게 대처해야 할지는 제대로 알지 못한다. 어쩌면 할리우드 영화처럼 생각하고 있는지도 모른다. 그러나 실제 전투 상황에서는 전혀 예기치 않은 일이 발생한다.

사례와 문헌 연구를 통한 집중 분석

데이브 그로스먼 교수는《살인의 심리학》을 통해 전투 상황에서의 조준사격이 얼마나 어려운 일인지를 과학적으로 설명했다. 그리고《전투의 심리학》에서는 전투 사례와 문헌 연구를 통해 실제 전투 상황에서 전사들이 경험하게 되는 정신적·육체적 변화와 이에 대한 대처법을 다루고 있다.

즉 '전투의 실상'을 정확하게 이해함으로써 "치명적이고, 정신 쇠약을 일으키며, 파괴적인 전투 환경에 놓이는 전사의 능력을 향상하는 데" 초점을 맞추었다. 필자의 표현대로 "소방관이 화재를 이해하듯이 전사는 전투를 이해해야 한다". 그래야 살아남을 수 있다.

이 책에서 전사는 군인만을 지칭하는 것이 아니다. 범죄와 테러의 현장, 화재와 붕괴의 현장에서 모두가 공포를 느끼고 도망칠 때 그곳으로 뛰어드는 사람들은 모두 '전사들'이다. 그래서일까? 이 책에서 다루는 사례 가운데 절반가량이 경찰을 비롯한 법 집행요원들이 경험한 총격전이다. 미국의 경찰관들이 일상적으로 경험하는 총격전이야말로 전투 상황 그 자체이기 때문이다. 경찰 경력 30년의 로런 W. 크리스텐슨이 공동 필자로 참여한 이유다.

공포의 효과

전투 상황에서 가장 결정적인 반응은 무엇일까? 바로 '공포'다. "공포증은 단순히 두려움을 느끼는 것과는 다르다. 공포증은 비이성적이고 정도가 매우 심각해 통제가 불가능해질 정도로 두려워하는 것이다." 특히 누군가가 나를 향해 총질을 한다면 거의 대부분(98퍼센트)의 사람은 공포증 수준의 반응을 보인다.

이때 우리 몸은 교감신경계가 극도로 반응하면서 심장박동이 빨라지고 손이 떨리는 등 소근육 운동기능이 떨어지기 시작한다. 손이 떨려서 탄창을 제대로 갈지 못하는 상황이 발생하는 것이다. 좀 더 발전하면 '멘붕'과 같은 인지 처리 능력 저하가 발생하고 주변 시야나 거리 감각의 상실, 그리고 순간적으로 아무것도 들리지 않는 스트레스성 난청 등 심각한 지각장애를 일으키게 된다. 아드레날린이 급격히 방출되면서 달리기와 같은 대근육 운동기능은 최고조에 달하지만, 순간적으로 몸이 얼어붙거나 전투를 포기하는 상황이 발생하기도 한다. 이쯤 되면 대부분의 병사는 배변과 배뇨 조절 능력을 상실하게 된다. 제2차 세계대전 참전 용사의 경우 절반가량이 바지에 오줌을 누었고, 4분의 1이 똥을 쌌다고 보고됐다.

격렬한 전투가 끝난 다음에는 어떤가? 아드레날린을 완전히 방출한 병사는 기진맥진한 채 곯아떨어지기 마련이다. 나폴레옹이 "군대가 가장 취약한 시기는 싸움에서 이긴 직후"라고 말한 이유다. 전투에서 이겼다는 안도감에 긴장을 늦추는 순간, 강력한 생리적 붕괴가 발생한다. 이때 공격받으면 속수무책이다. '임무 완수 후의 통합 및 재편성'이 매뉴얼처럼 시행돼야 하는 이유다. 수면 부족도 간과할 수 없는 문제다. 미군 포병대대를 대상으로 연구한 결과 하루 일곱 시간 수면한 대대는 98퍼센트의 임무 수행률을 과시했지만, 네 시간밖에 자지 못한 대대는 15퍼센트에 그쳤다.

불확실성 제거

전투 상황에 대한 정확한 이해는 심리적 불확실성을 제거하여 병사들에게 안정감을 심어준다. 총격이 오가는 상황에서는 아무리 훈련된 전사라 해도 여러 지각장애와 오류를 범할 수밖에 없다. 이러한 상황을 정상적인 것으로 받아들이고 심리적 안정을 유지하는 것이 일차적으로 긴요한 일이다.

더욱 중요한 것은 이러한 상황에 얼마든지 대비할 수 있다는 점이다. 최대한 전투 상황과 비슷한 방식으로 훈련하는 것이 중요하다. 실전을 방불케 하는 쌍방향 페인트탄 훈련도 효과적이다. 손 떨림과 같은 소근육 운동장애는 반복 훈련(예컨대 탄창 교체)을 통해 어느 정도 극복할 수 있다. 전투 호흡(심호흡)을 연습해둠으로써 갑작스러운 지각장애에 효과적으로 대처할 수 있을 것이다. 저자는 근육이 기억할 때까지 몸에 배도록 연습해야 한다고 당부한다. 자동적으로 움직이는 오토파일럿autopilot의 경지에 올라야 한다는 것이다.

한편 저자는 총격전이 벌어지는 상황에 대해 길게 설명한다. 여기서 무엇보다 중요한 것은 심적 대비다. 전투에 뛰어들기 전에 정신무장부터 해야 한다는 것이다. 인간은 동족을 죽이는 일에 선천적인 거부감을 갖고 있다. 그러나 한순간의 머뭇거림이 되돌릴 수 없는 비극적인 결과를 가져온다. "군인은 살인해야 할지도 모른다는 현실을 받아들여야만 한다. 그래야 스스로에 대한 통제를 유지하고 상대를 더 잘 막아낼 수 있다"는 것이 저자의 일관된 주장이다. 그는 이러한 마음가짐을 '방탄 정신bulletproof mind'으로 요약하고 있다.

심리 치유의 필요성

저자는 교전 중에 상처를 입어도 결코 포기하지 말라고 당부한다. '총에 맞고도 계속 싸우라'는 것이다. 저자는 수많은 사례를 통해 총상에도 불구하고 끝까지 교전을 포기하지 않아 결국 상대를 제압한 전사들을 소개한다. 스테이시 림이라는 LA경찰은 기습공격을 받아 총알이 가슴을 관통했지만 물러서지 않고 대응사격을 했다. 결국 갱스터들은 도망쳤고 림도 살아남을 수 있었다. 적극적 대응을 통해 상대를 제압할 경우 자신의 생존 가능성도 높아진다는 사실을 잘 보여주는 사례다. 게다가 동료나 일반 시민에 대한 2차 피해도 막을 수 있었다.

저자는 책의 후반부에서 살해로 인한 외상후 스트레스장애PTSD에 관해 많은 정보와 함께 대처법을 알려준다. 살아남았다는 안도감에도 불구하고 잠시 후면 살해의 자책감에 시달리게 된다. 이때 자신의 행위에 대한 합리화와 사회적 인정이 이루어지지 않으면 심각한 트라우마에 빠지게 된다. 전투 후의 사후 강평이나 디프리핑debriefing과 같은 심리적 치유 과정이 꼭 필요한 이유다.

전쟁은 적과 싸우는 것이지만 병사들은 전쟁 자체와도 싸운다. 전쟁과의 전쟁에서 이기는 가장 현명한 길은 전쟁을 잘 이해하는 것이다. 그런 점에서 전쟁의 속살과 민낯을 이처럼 생생하게 보여주는 책은 찾기 힘들다. 뛰어난 번역으로 술술 읽히는 것도 이 책의 미덕이다. 총을 들고 제복을 입은 이들이라면 누구나 일독을 권한다.

그들은 왜 싸우는가

레너드 웡 외 지음, 《그들은 왜 싸우는가: 이라크 전쟁에서 전투 동기》.

Leonard Wong, Thomas A. Kolditz, Raymond A. Millen & Terrence M. Potter, *Why They Fight: Combat Motivation In The Iraq War*, The Strategic Studies Institute, U.S. Army War College, 2003.

병사들이 끝까지 싸우는 이유는 무엇일까? 합리적 개인에게 자기 목숨만큼 중요한 것은 없다. 그러나 목숨이 위험한 상황에서도 병사들은 자신의 책임을 다한다. 레너드 웡L. Wong 박사를 중심으로 한 미국의 육군참모대학 연구진들은 이라크 전쟁을 토대로 그들이 왜 싸우는지를 탐색했다.

전쟁을 과학적으로 분석하는 미국답게 일찍부터 병사들이 어떻게 싸우는지에 대한 연구가 있어왔다. 새뮤얼 스토퍼S. Stouffer의 《미군The American Soldier》(1949)이 대표적이다. 그들을 전쟁 중에 싸우게 하는 것이 무엇이냐는 질문에 대한 가장 일반적인 대답은 '전쟁을 빨리 끝내고 집에 돌아가는 것'이었다. 그다음으로 많은 대답은 전투를 통해 형성된 '전우들 간의 강한 유대'였다. 동료에 대한 배려loyalty와 그들을 실망시킬 수 없다는 생각이 그들을 지배했던 것이다. 이데올로기나 애국심과 같은 고상한 명분은 전투 동기의 결정적 요소가 되지 못했다.

《사격을 거부하는 군인들》의 저자 마셜 장군도 같은 분석 결과를 내놓았다. 그는 "병사들이 계속 전투에 임하게 하는 전쟁의 가장 단순한 진리는 가까이 있는 동료의 존재 그 자체"라고 단언했다. 패전이 분명한 상황에서도 독일군 병사들이 포기하지 않고 그렇게 열심히 싸웠던 것도 전우들 간의 동료애 때문이었다.

부대 단결의 중요성

6·25전쟁이나 베트남 전쟁에 대한 연구들도 전투 동기의 가장 중요한 요인으로 부대 단결을 꼽는다. 한국전의 전투 동기를 분석한 로저 리틀Roger Little은 "수개월씩 함께 전투에 참가한 전우들 간에는 견고한 전우애가 형성되었고, 이것이야말로 생존에 결정적 요인"이라고 결론지었다. 베트남 전쟁을 연구한 찰스 모스코스Charles Moskos는 "이러한 동료애가 부대 전투력에 중요한 역할을 수행한다"고 판

단했다. 동료들과의 깊은 유대가 생존을 위한 이기적 욕망의 결과일지 모르지만, 어쨌든 전투 수행에서 결정적 역할을 한다는 점만은 부인할 수 없는 사실이다.

부대원에 의한 지휘관의 고의 살해fragging 사례에서도 알 수 있듯이, 일부에서는 인간적 친밀도와 군사적 효율성 사이의 인과관계를 확인하기 어렵다는 주장을 펴기도 한다. 로버트 맥쿤Robert MacCoun은 1993년 랜드보고서를 통해 사회적 결속social cohesion(부대원들 간의 감정적 친밀함을 의미)과 과제 결속task cohesion(과업 수행을 위한 업무적 결합)을 구분할 것을 제안한다. 사회적 결속은 오히려 공적인 업무 수행을 방해할 가능성이 있기 때문이다.

"동료를 위해 싸운다"

그렇다면 이러한 주장이 타당한 것일까? 저자들은 2003년 이라크 전쟁에 참전한 병사들을 대상으로 실제 전투에 나가 싸우는 이유가 무엇인지 탐색했다. 대상에는 미군 병사와 함께 이라크 병사와 종군기자들까지 포함되었다. 미군과 이라크군이 어떻게 다른지는 물론, 제3자인 종군기자가 어떻게 느끼는지까지 살펴보기 위해서였다. 일반적인 예상과 달리 이라크 병사들을 전장에 붙잡아둔 것은 '강압'이었다. 탈영자들은 공개 처형과 가혹한 처벌을 받았고 그들의 부모까지 투옥되었다. 지휘관들은 정치적 이유에서 임명되었기 때문에 전술적 능력도 부족했고 상호 존경도 없었다. 동료를 실망시키지 말아야 한다는 식의 기본적인 전우애조차 없었다.

반면 미군은 "동료를 위해 싸운다"는 생각이 분명했다. 전우들 간의 관계는 기본적으로 감정적인 것이다. 그들은 부대 생활과 훈련 그리고 전투를 함께하면서 가족과 같은 인간적 친밀감과 연대감을 느끼게 된다. 그런 점에서 그들의 관계는 사회적 결속에 가깝다. 저자들은 사회적 결속이 두 가지 점에서 전투 동기에 중요한 역할을 한다고 지적한다. 하나는 서로에 대한 끈끈한 유대감으로 인해 병사 각자가 높은 책임감을 갖게 된다는 점이다. 그들은 자신의 역할이 대단치 않을지라도 개개인의 역할이 부대의 성공에 결정적이라는 것을 인식하고 있었다. 한 병사는 "그가 나 때문에 죽는 것은 내가 죽는 것보다 더 나쁜 일"이라고 말할 정도로 강한 유대감을 보였다. 어떤 병사가 언급했듯이, 전우가 아내보다 더 친밀하게 느껴질 정도였다.

사회적 결속의 또 다른 역할은 믿음과 보증이다. 앞의 병사가 전진할 수 있는 것은 후위 병사가 자신의 뒤를 안전하게 봐줄 것이라는 믿음 덕분이다. 다른 병사가 훈련을 많이 받았거나 유능하기 때문에 그런 믿음이 나오는 것은 아니다. 그들을 인간적으로 믿기 때문에 그런 믿음이 나오는 것이다. 이런 상황에서 병사들은 안도감을 느낀다. "그가 내 뒤를 지켜주고, 나 역시 그의 뒤를 지켜준다면, 별일 없을 거야."

병사들이 이런 믿음과 안도감을 갖게 되면, 당연히 자신의 과업 수행에 대해 자신감을 갖게 된다. 일종의 '심리적 쿠션'이 생기는 것이다.

진정한 전문 군대의 의미

이 보고서에서 주목할 점은 지금까지 연구에서 무시되었던 이념적·도덕적 요소의 부활이다. 남북전쟁 당시 양측의 병사들은 모두 지원병이었고 정치적 의제에 민감한 식자층이었다. 남군이나 북군 모두 자신들이 지향하는 정치적 명분을 이유로 참전했다. 그러나 제2차 세계대전에 참전한 미군들은 애국심이나 전쟁의 목표에 대체로 둔감했다. 애국심을 부추기는 발언조차 금기시되었다.

그런데 놀랍게도 이 보고서에 따르면 '이라크 인민을 해방시키고 자유를 되찾아주었다'는 자부심 넘치는 발언들이 미군 병사들의 입에서 쏟아져나왔다. 한 종군기자는 "여기에 있는 많은 병사들에게 가장 강력한 동기는 이라크 사람들의 삶을 향상시킬 것이라는 믿음"이라고 썼을 정도다. 이는 애국심과는 다른, 보다 근본적인 가치다. "어린이가 달려와서 좋아하는 모습만큼 큰 보상은 없다"거나 "그들이 행복해하고 고마워하는 것을 보면 내가 옳은 일을 하고 있는 것이다"라는 말에서 더욱 근본적인 도덕적 가치를 발견하게 된다.

그렇다면 많은 병사들이 예전과 달리 자유나 해방 또는 민주주의와 같은 개념에 동기부여된 이유는 무엇인가? 제임스 맥퍼슨James

MacPherson이 남북전쟁에 참전한 병사들의 사례에서 잘 지적했듯이, 오늘날 미군은 이전과 다른 조건을 가졌다는 점에 주목할 필요가 있다. 교육 수준이 높고 정치적 의제에 익숙한 세대라는 점도 중요하지만, 역시 결정적인 이유는 오늘날 미군은 지원병제의 토대 위에서 '진정한 전문 군대'로 발전했기 때문이라고 저자들은 강조한다.

저자가 간략히 언급했듯이 40년 전에 전면 지원병제를 채택한 이후 미군은 많은 문제점을 안고 있었다. 그러나 1990년대 전면적 재검토와 개혁을 통해 미군은 전문 군인으로 거듭났다. 직업군인은 국가와 군이 그들에게 부여한 책임을 적극적으로 받아들이며 진정한 전문가로서의 역량을 갖추기 위해 노력한다. 그들은 서로를 위해 싸우지만, 전쟁의 도덕적 이유를 자각할 만큼 충분히 수준 높은 집단이라는 점이 중요하다.

이 보고서는 적어도 두 가지 차원에서 중요한 시사점을 갖고 있다. 하나는 전쟁에 내포된 도덕적 사명의 중요성이다. 왜 싸워야 하는지, 무엇을 위해 싸워야 하는지 병사들을 설득할 수 있어야 한다. 다른 하나는 잘 싸우는 군대를 육성하는 것이 국방 개혁의 목표라고 한다면 병역제도에 대한 논의를 제대로 해야 한다는 점이다. 미군의 사례가 늘 적절한 것은 아니지만, 의무병제의 한계를 극복하기 위해서라도 근본적인 논의가 필요한 시점이 아닌가 한다.

미군이 걸프전에서 이긴 진짜 이유

스티븐 비들 지음, 《군사력: 현대전에서 승리와 패배》.

Stephen Biddle, *Military Power: Explaining Victory and Defeat in Modern Battle*, Princeton University Press, 2004.

현대전에서 무엇이 승리를 보장하는가? 첨단 무기인가, 아니면 우세전력인가? 오랜 기간 현대 전쟁을 과학적으로 분석해온 스티븐 비들 교수는 첨단 무기를 보유하고 있다거나 탱크가 많다고 해서 승리를 보장할 수 있는 것은 아니라고 충고한다. 그렇다면 무엇이 승리를 가져다준다는 것인가?

지금까지 우리는 전쟁에서 승리하기 위해서는 무엇보다 상대를 압도할 수 있는 군사 전력을 보유하고 있어야 한다는 점을 강조해왔다. 국가 간의 군사력 평가는 비행기, 탱크, 함정과 같은 핵심 무기의 양적 비교를 중심으로 이루어졌다. 상대를 뛰어넘는 첨단 무기의 보유도 전력상 우위를 점할 수 있는 중요한 요소였다. 최근 첨단 무기 개발을 중심으로 한 군사 혁명RMA이 군사전략 논의에서 핵심적 의제로 부상하게 된 것도 이러한 통념의 일단을 보여주는 것이다.

비들 교수는 이러한 상식에 도전한다. 그는 실증적 자료를 통해 기존 통념이 역사적 사실과 부합하지 않는다는 것을 보여준다. 우선 국방비 지출과 승리의 상관성이다. 더 좋은 무기를 더 많이 보유하기 위해서는 더 많은 국방비를 지출해야 한다. 그러나 20세기의 전쟁을 실증적으로 조사해보면, 국가의 경제력이나 군비 지출과 승리의 상관성은 0.6 내외에 불과하다. 무기의 살상력과 정확도는 크게 향상되었지만 실제 전투에서의 사망률은 오히려 줄었다. 1952년에서 1992년까지 일어난 열여섯 차례의 전쟁 중에 앞선 무기를 보유한 나라가 승리한 경우는 절반에 불과했다. 50퍼센트의 승률은 동전 던지기와 큰 차이가 없다.

현대적 전략 운용 체계의 등장

저자가 주목하는 요소는 '전력 운용force employment의 현대적 체계'다. '전력 운용'이 전장에서 군대가 보유한 물리력을 사용하는 교리doctrine 및 전술과 관련된 것이라면, '현대적 체계'란 현대전의 상황에 맞게 교리와 전술을 이행할 수 있는 전투 능력을 의미한다.

저자는 현대전의 기점, 적어도 전력 운용의 현대적 체계가 등장한 시점을 제1차 세계대전 말기인 1918년으로 잡고 있다. 1차 대전에서 기관총과 야포를 비롯해 항공기와 전차에 이르기까지 현대전의 가공할 무기들이 본격적으로 사용되기 시작했다. 방어 무기가 공격력을 압도하자 전쟁은 북해에서 스위스 산악에 이르는 참호전으로 변해버렸다. 이러한 상황을 타개하기 위해 새로운 전력 운용 방안이 모색됐다. 적의 화력에서 전투력을 보존하기 위해 위장, 엄폐, 정찰, 전초 감시가 강조되었고 적의 집중적인 포화를 피하기 위해 소규모 단위로 부대가 운용되었다. 공격 시 포막 사격을 이용함으로써 제병합동의 전술적 원칙도 마련되었다. 각 부대는 기관총과 소형 박격포로 무장하고 독자적으로 작전을 전개했다.

저자는 이러한 체계가 지금까지 본질적인 변화 없이 지속되고 있다고 강조한다. 미사일 같은 첨단 무기가 도입되었지만 전투의 승패는 현대적 전력 운용의 도입 여부에 의해 결정된다.

첨단 무기의 상대적 효과

그의 주장의 핵심은 첨단 무기나 병력 우위가 중요하지 않은 것은 아니지만, 그 자체로 승리를 보장하지는 못한다는 것이다. 첨단 무기의 효과는 현대적 전력 운용과 결합할 때 극대화된다. 비들 교수는 세 가지 사례를 통해 이 주장을 증명한다.

첫 번째가 1918년 3월 독일군이 1차 대전에서 보여준 돌파 작전이다. 독일군은 병력 비율상 1.5대 1로 열세였지만 새로운 부대 전술을 통해 영국군의 전선을 돌파하는 경이로운 전과를 올렸다.

두 번째 사례는 노르망디 상륙작전 이후 연합군이 독일군의 봉쇄를 뚫기 위해 벌인 굿우드 작전이다. 연합군은 전차, 항공기, 병력에서 세 배 이상의 압도적인 우위에 있었지만 적에게 노출된 대규모 전차 공격을 고집하다 참담한 패배를 경험했다.

세 번째는 1991년 '사막의 폭풍' 작전. 당시 미군은 적지 않은 인명 손실을 예상했지만 피해는 경미했다. 걸프전은 현대적 전력 운용에 능숙한 미군이 어떤 상황에서 어떤 무기 체계를 갖고 싸우든 확실한 승리를 일군다는 것을 잘 보여준 사례였다.

저자는 역사적 분석에만 의존하지 않고 수학적 모델링에서 Large-N 통계분석과 전투 시뮬레이션까지 동원해 설득력 있게 자신의 주장을 증명하고 있다. 특히 인상적인 부분은 1991년 '73이스팅' 전투를 시뮬레이션 프로그램 '야뉴스'로 검증한 것이다. '73이스팅' 지역의 방어를 맡은 이라크군은 전초도 세우지 않은 채 야지에 노출된 진지에서 적절한 은폐도 하지 않고 대기하고 있었다. 마침 모래 폭풍까지 불어 시야도 방해받았다. 전투 결과는 M1A1 전차가 제공하는 열 감지 장치와 공중 근접 지원까지 받은 미군의 압도적인 승리였다. 그러나 이라크군이 참호 등 적절한 은폐와 전초를 통해 사전 경고 체계만 갖추었다면, 전투 결과가 크게 달라졌으리라는 것이 시뮬레이션 결과였다.

합동 작전 능력의 중요성

저자는 정책에 있어 몇 가지 조언을 한다. 무엇보다 현대전의 본질적인 성격은 달라지지 않았으며, 1918년에 정립된 현대적 전력 운용 능력을 쌓아가는 것이 여전히 중요하다고 주장한다.

저자의 조언을 요약하면 다음과 같다. 첨단 무기가 중요하지 않은 것은 아니지만, 현대전의 본질을 바꿀 정도는 아니다. 따라서 전력 운용에 있어 기존 교리와 전술을 심화시키는 일이 여전히 중요하다. 군사혁명에 따른 교리 변경을 고민할 상황도 아니다. 국방예산을 첨단 무기 개발과 현대적 전력 운용 능력의 향상에 균형 있게 배정해야 한다. 항공전력과 첨단 미사일에 대한 과도한 편향보다는 더욱 가볍고 유연하게 작전을 전개할 수 있는 적절한 수준의 지상군을 보유해야 한다. 첨단 무기의 연구 및 개발에 과도한 예산을 투입하는 것은 현명한 일이 아니며, 예기치 못한 전장 환경에서도 탁월한 전투 능력을 발휘할 수 있는 합동 작전 능력을 함양하는 것이 더 중요하다.

현대전에 대한 귀중한 통찰을 담고 있지만 다행히 분량은 그리 많지 않다. 전력 운용과 무기 획득을 담당하는 고위 정책 결정자라면 꼭 읽어야 할 책이다.

시가전의 원리

루이스 디마르코 지음, 《콘크리트 지옥: 스탈린그라드에서 이라크까지 시가전》.

Louis DiMarco, *Concrete Hell: Urban Warfare From Stalingrad to Iraq*, Osprey, 2012.

21세기 전쟁은 어디에서 벌어질까? 참호전이나 전격전blitzkrig, 이라크의 사막지대나 아프가니스탄의 산악지대를 떠올릴지 모른다. 그러나 역사적으로 전쟁은 국가의 중심인 도시, 특히 수도를 중심으로 전개되어왔다. 미래의 전쟁도 여기서 크게 벗어나지 않을 것이다. 미국 지휘참모대학에서 전쟁사와 시가전에 대해 강의하고 있는 루이스 디마르코가 시가전에 주목하는 이유도 여기에 있다. 21세기 들어 도심지 전투는 점차 늘어나고 있지만, 이에 대한 이해는 여전히 미흡

하다는 것이 저자의 문제의식이다.

도시가 중요한 이유

도시가 중요한 것은 정치적 이유만은 아니다. 전쟁 수행에 필요한 인적·물적 자원이 집적된 곳이며, 국가 시스템의 거점이기 때문이다. 이러한 거점을 상실한다면 더 이상 전쟁을 수행할 수 없게 된다. 게다가 도시화의 진전으로 도시의 중요성은 더욱 높아지고 있다. 2030년이면 세계 인구의 60퍼센트가 도시에 거주할 것이다. 우리나라의 경우 도시화 비율은 90퍼센트를 넘어선 지 오래다.

물론 모든 전투가 도시에서만 전개되지는 않는다. 6·25전쟁의 경험이 말해주듯이 도시에 거주하는 민간인들의 피해를 줄이기 위해서는 주요 도시에서 멀찍이 떨어진 곳에 방어선을 구축한다. 그러나 이러한 방어선이 붕괴된다면 도시 자체가 거대한 전쟁터로 변하게 마련이다. 특히 정부 전복을 노리는 반란의 경우 도시는 최적의 거점이다. 민간인에 둘러싸여 있기 때문에 은신과 잠복에 유리하다. 민간인 피해 때문에 정부군의 전면적인 공격도 용이하지 않다. 불만으로 가득한 청년들을 새로운 혁명군으로 충원할 수도 있다.

시가전의 전략적 성격

미래의 전쟁에서 시가전은 더욱 중요해질 것이다. 그렇다면 시가전은 어떤 의미를 가지고, 어떻게 해야 승리할 수 있을 것인가. 이 책은 스탈린그라드 전투(1942~1943)를 비롯하여 1940년대 이후에 발생한 아홉 개의 시가지 전투를 다루고 있다. 6·25전쟁의 서울 탈환(1950)과 제2차 세계대전 당시 아헨 전투(1944), 그리고 베트남 전쟁의 후에Hue 전투(1968)와 같이 전면적인 재래식 전투를 중심으로 하고 있지만 중요한 반란전도 포함시키고 있다. 시가전에 대한 역사적 분석을 통해 무엇을 알아야 할지를 정리해주는 것이 이 책의 미덕이다.

저자가 무엇보다 강조하는 것은 시가전이 갖는 '전략적' 성격이다. 시가전은 말 그대로 도심지 전투를 의미한다. 거리에 바리케이드를 치거나 건물에 숨어 있는 적을 섬멸한다는 점에서 다분히 전술적이다. 그러나 거점 도시를 상실한다는 것은 그 도시를 중심으로 하는 지역 전체를 내주는 것과 마찬가지기 때문에 도시는 전략적 분기점이기도 하다.

정치·심리적 차원에서도 도시는 중요하다. 특정 도시, 특히 수도와 같이 중요한 도시의 점령은 공격 측이나 방어 측 모두에게 엄청난 심리적 영향을 주게 마련이다. 제2차 세계대전 당시 히틀러가 스탈린그라드 점령(1942)에 이상하리만큼 몰입했던 점이나, 6·25전쟁 당시 맥아더 사령관이 인천상륙작전 이후 서울의 조기 탈환을 독촉했던 것도 그런 이유에서였다.

전술적 패배에도 불구하고 전략적 승리가 가능한 상황에도 주목해야 한다. 1812년 나폴레옹은 모스크바를 점령했지만, 러시아군의 지구전에 말리는 바람에 참혹한 패배를 감당해야 했다. 1968년 미군과 남베트남군이 후에(베트남의 세 번째 도시)를 점령한 북베트남인민군과 베트콩을 격퇴했지만, 북베트남인민군이 세계 최강의 미군에 맞서 3주간이나 버텼다는 사실 자체가 엄청난 선전효과를 가져왔다. 1995년 소련군은 체첸에서 반군을 밀어냈음에도 전 세계 언론을 활용한 체첸 반군의 적극적인 정보전에 밀리는 바람에 사실상 그들의 요구를 수용해야 했다. 2002년 이스라엘군의 팔레스타인 가자 지구 공격 역시 비슷한 운명에 처했다. 민간인 피해가 전 세계에 알려지면서 곤혹스러운 상황으로 몰렸던 것이다. 여론전에 패배함으로써 결과적으로 전략적 실패로 귀결되었다.

이제는 전술적 차원의 전투라도 전략적 의미를 내포하고 있다. '전략적 분대장' 개념이 중요한 이유도 여기에 있다. 개인이 촬영한 동영상이 순식간에 전 세계에 유포되는 시대라는 점을 감안해야 한다. 병사들의 사소한 행위도 전략적 효과를 가져올 수 있다는 말이다.

시가전의 역사적 교훈

작전의 차원에서도 역사적 사례는 많은 교훈을 보여준다. 가장 쉽게 도시를 점령하는 방법은 적이 방어를 준비하기 전에 도심을 장악하는 것이다. 그 대표적인 사례가 1968년 북베트남군이 후에를 먼저 점령한 것이다. 빈 도시는 손쉽게 점령되지만, 민간인과 건물로 가득한 도시에 방어벽을 구축한 적을 축출하는 것은 결코 쉬운 일이 아니다. 주민과 저항군이 심리적으로 결합한 경우에는 거의 불가능에 가깝다. 그 대표적인 사례가 스탈린그라드 전투다. 1942년 10월 소련군의 폭 2킬로미터, 길이 약 5킬로미터의 최후 방어선을 점령하기 위해 300여 대의 전차와 함께 9만여 명의 독일군이 투입되었지만 결국 실패했다. 목숨 걸고 싸우는 방어군을 극복하지 못했던 것이다.

만약 도시에 방어벽이 구축돼 있다면 도심을 직접 공격하는 것보다 포위를 통해 외부의 지원을 차단하고 공격 기회를 노리는 것이 현명한 선택이라는 점도 역사의 교훈이다. 미군이 역전의 전사들인 독일군이 방어하고 있는 아헨을 함락시킬 수 있었던 이유도 여기에 있다.

시가전에서 이기는 법

사실 도심지 전투는 너무나 큰 비용을 지불해야 하기 때문에 특

폐허가 된 스탈린그라드 도심을 공격하는 소련군의 모습. 인류 역사상 가장 치열했던 전투로 기억되는 스탈린그라드 전투는 시가전의 거의 모든 것을 보여줬다. RIA Novosti archive, image #44732/Zelma/CC-BY-SA 3.0.

별한 중요성이 없다면 우회하는 것도 하나의 방법이다. 그럼에도 도시를 점령해야 한다면, 어떤 노력이 필요할까. 저자는 우선 정보와 정찰의 중요성을 강조한다. 적의 도시일수록 방어군의 배치나 전력을 정확하게 파악하는 것이 중요하다. 스탈린그라드에서 소련군은 독일군의 움직임을 속속들이 알고 있었던 반면, 독일군은 자신들의 공격력만 믿고 아둔할 정도로 소련군에 어두웠다. 이스라엘에서 유독 무인 항공 기술이 발달한 이유도 여기에 있다. 이스라엘은 사람을 통한 정보 획득은 말할 것도 없고 최신 기술을 활용한 적극적인 정보 획득에 나섰기 때문에 피해를 최소화하면서 정확한 목표 달성을 이룰 수 있었다.

두 번째는 해당 도시의 특성을 고려한 차별화된 공격 계획을 세워야 한다는 것이다. 이를 위해서는 다양한 전력을 유기적으로 결합하는 것이 중요하다. 6·25전쟁 당시 미군은 서울을 탈환하기 위해 M-26 퍼싱 전차와 해병대 항공 전력 그리고 공병과 저격병까지 배치했다. 여섯 개의 항공 편대가 하루 평균 100회 이상 출격하여 근접 지원을 수행했다. 본격적인 시가전이 시작되면서 적의 저항 거점에 우선 야포와 박격포 공격을 실시한 다음, 전차를 중심으로 보병 공격을 전개했다. 대전차지뢰를 제거하기 위한 공병의 작업도 병행됐다. 재미난 것은 서울 시가전에서 파괴된 다섯 대의 미군 전차 가운데 단 한 대만 북한군의 육탄 돌격에 파괴되었다는 점이다. 나머지 네 대는 지뢰에 의해 돈좌되었다. 하나의 방어 거점을 무력화하기까지

45~60분이 소요됐다. 도심을 진격하는 데는 전차만 한 무기가 없다는 것을 잘 보여주었다.

지속적으로 도시를 점령하기 위해서는 궁극적으로 시민들의 마음을 장악해야 한다. 적성 지역이라면 더욱 그렇다. 그러기 위해서는 주민들의 마음을 얻을 수 있는 정책적 노력을 기울여야 한다. 2006년 이라크 라마디에서 미군이 추구했던 것이 바로 이런 것이었다. 미군은 일단 반군을 소탕한 후에는 도시를 안정화하고 재건하는 일에 주력했다. 군사적 역할과 함께 정책적 지원을 통해 주민들의 기대를 충족시켜주는 것이 더 중요한 일이 된다. 이라크 안정화 작전이 어느 정도 효과를 내기 시작한 것도 이러한 발상의 전환 덕분이었다.

미래의 전쟁에서는 그냥 싸워서 이기는 것만으로 충분하지 않다. 전쟁이 다른 방식으로 정치적 목적을 수행하는 것이라면, 군사적 행위의 정치적 의미를 고민해야 한다. 승리가 무엇을 의미하는지 모른다면 궁극적인 승리를 획득할 수 없을 것이기 때문이다.

PART 4

지휘관이 중요하다

*

이런 일이 왜 반복해서 생기는 것일까? 최고 지휘관이 이렇게 무능한 이유는 무엇일까? 그리고 이런 참사가 무능한 지휘관 탓이라면, 이런 인물이 어떻게 최고 지휘관의 지위에 오르는 것일까?

독선이 불러오는 재앙

노먼 딕슨 지음, 《군사적 무능의 심리학》.

Norman F. Dixon, *On the Psychology of Military Incompetence*, Basic Books, 1976.

최고 지위에 오른 지휘관이 실패하는 이유는 무엇일까? 상급 지휘관의 결정이 전투의 승패와 병사의 운명을 좌우한다는 점에서 지휘관의 자질은 무엇보다 중요하다. 그렇다면 지휘관의 유능함과 무능함을 분별할 기준은 있는가? 역사와 심리학의 만남을 통해 그 답을 찾을 수 있을지 모른다.

19세기 전쟁사에서 러시아의 남하를 막아낸 전쟁으로 기록되어 있는 크림 전쟁(1853~1856)은 영국의 입장에서 최악의 전쟁이었다. 초기 영국 원정군은 천막조차 없어서 얼음장 같은 서리에 그대로 노출됐고 부상자들은 붕대만 감은 채 방치됐다. 발라크라바에서 영국 경기병대의 돌격은 언론에 의해 영웅적 행위로 숭앙되었지만 사실상 가장 참혹한 손실을 가져온 패배였다.

그러나 이러한 일은 크림 반도에서 끝나지 않았다. 이후 보어 전쟁(1899~1902), 제1차 세계대전의 솜 전투와 갈리폴리 공격(1915), 제2차 세계대전의 싱가포르 함락(1942)과 마켓 가든 전투(1944)에 이르기까지 무능한 지휘관에 의해 일어난 작전적 참사는 끝이 없다. 영국의 경험만 이 정도다. 미국이나 독일 그리고 한국전의 사례까지 모은다면 열 손가락도 모자랄 것이다.

솜과 갈리폴리에서 여실히 증명하였듯이 영국 원정군의 총사령관 더글러스 헤이그Douglas Haig는 최신 기관총의 위력을 무시하고 전통적인 정면 공격을 고집했다. 군인으로서 용감하게 죽는 것을 당연하게 여긴 나머지 엄청난 사상자를 용인하는 경향이 있었다. 자신들의 생각에 맞는 정보만 취했고, 하위 지휘관들은 감히 상급자에게 반대 의견을 제시하지 못했다. 솜 전투 첫날, 영국군은 5만 7000명의 병력을 잃었다. 노르망디 상륙작전의 전체 사상자보다 많은 숫자다.

용서하기 어려운 무능함

1941년 싱가포르 함락에서도 영국 지휘관들은 용서하기 어려운 무능함을 보였다. 지휘관 아서 퍼시벌Arthur Percival 장군은 일본군

크림 전쟁에서 영국군은 정부의 준비 부족, 지휘관의 상황 판단 실패 등으로 심각한 고통을 감당해야 했다. 1854년 10월 25일 카디건 경이 이끈 영국 경기병의 돌진은 사실상 명령이 잘못 전달되면서 발생한 일이었다. 작전에 참가한 660명 가운데 270여 명의 사상자가 발생한 참담한 실패였다. 윌리엄 심프슨William Simpson, 「경기병대의 돌격Charge of the Light Cavalry Brigade」(1855). 석판화. 미국 의회도서관 소장.

이 말레이 반도의 정글을 탱크로 밀고 내려올 것이라고 믿지 않았다. 북서쪽에 공격이 있을 거라는 보고가 계속 들어왔지만 그는 북동쪽 해안으로 병력을 집중시켰다. 일본의 전차를 막기 위해 장애물을 설치하자는 공병 대장의 요청마저 무시했다. 해군과 공군 역시 마찬가지였다. 공군의 지원을 무시하고 전장에 나갔던 두 척의 해군 함정은 일본 항공기의 공격으로 침몰했고, 육군과의 마찰로 독자적인 비행장을 건설했던 공군도 일본군의 공격에 속수무책으로 당했다. 호주군 사령부는 자기들은 도망가면서 부대가 탈출하는 것을 막았다. 그 결과 13만 8000명의 연합군이 죽거나 포로로 잡혔다. 결국 연합군은 동남아에서 패퇴했다.

그렇다면 이런 일이 왜 반복해서 생기는 것일까? 최고 지휘관이 이렇게 무능한 이유는 무엇일까? 그리고 이런 참사가 무능한 지휘관 탓이라면, 이런 인물이 어떻게 최고 지휘관의 지위에 오르는 것일까?

일반적으로 무능함은 지적인 문제로 간주돼왔다. 뭔가 잘 모르기 때문에 제대로 일을 하지 못한다는 생각이 지배적이었다. '엄청난 바보가 피를 부른다bloody fool theory'는 이론이 널리 언급되는 이유다.

무능함은 심리적 문제

그러나 과연 그럴까. 저자의 생각은 그렇지 않다. 지휘관이 무능한 것은 무지해서가 아니라 모종의 심리적 문제가 있어서라는 것이다.

앞의 사례에서도 알 수 있듯 헤이그나 퍼시벌 장군 그리고 버나드 몽고메리Bernard Law Montgomery 장군(마켓 가든 작전으로 1만 7000명의 연합군을 사지로 몰아넣었다) 모두 그리 무식한 사람들이 아니었다. 문제는 그들이 독선에 빠져서 본인의 생각과 다른 의견을 듣지 않았다는 것이다. 자신의 기대에 맞게 상황을 해석했고, 자신의 판단과 다른 정보는 외면하기 일쑤였다. 아랫사람들의 의견을 경청하기보다 무조건적 복종을 기대했다. 자신의 생각을 고집스럽게 밀고 나가는 것을 지휘관의 미덕이라 생각했다.

저자 노먼 딕슨 교수가 주목한 부분도 바로 이런 점이다. 영국 런던대학의 심리학과 교수인 그는 지휘관의 무능함의 바탕에는 무지함보다는 잘못된 판단을 고집하는 심리적 기제가 작동하고 있다고 보았다. 그의 용어를 빌리면, '약한 자아weak ego'와 '권위주의authoritarianism적 성격'이 군조직의 특수성과 상호작용하여 만들어낸 결과로 설명할 수 있다.

저자는 유능한 지휘관의 기본 덕목으로 유연함과 열린 마음을 든다. 권위주의적 성격과는 상반된 특성이다. 몇 가지 예를 들어보자. 권위주의자들은 기본적으로 전통적이고 보수적이며 사회 순응적인 경향이 강하다. 이 때문에 상관의 의도와 부합하게 행동하려 하고 새로운 기술과 전술 도입에 주저하며 적의 숨겨진 의도를 잘 읽어내지 못하는 경향이 있다. 우쭐한 마음에 자신의 전력은 과대평가하고 상대의 능력을 과소평가하며 자신의 판단에 반대되는 정보를 무시한다. 부하들에게 맹목적 충성과 복종의 중요성을 강조함으로써 개혁적이고 참신한 생각을 억압하는 결과를 가져온다. 중요한 순간에 우물쭈물하면서 결정을 지연시킴으로써 타이밍을 놓치는 경우가 많다. 자신의 책임을 다른 사람에게 전가하고, 자신의 실수를 잘 인정하지 못한다. 과도하게 폭력적이고 다른 집단을 열등하게 보는 경향이 강하다. 더욱 큰 문제는 이들 권위주의적 지휘관들은 도전적이고 개혁적인 부하들의 진입을 막고, 자신과 유사한 사람들을 승진시킴으로써 조직적 무능함을 심화시킨다는 점이다.

약한 자아의 권위주의자들

저자는 권위주의적 지휘관이 다른 사람들의 의견을 경청하지 않는 이유는 '약한 자아' 때문이라고 지적한다. 자아가 강한 지휘관일수록 부하들의 다른 생각과 주장을 심리적 부담 없이 경청하고, 경우에 따라 자신의 판단을 유연하게 바꿀 수 있다. 사실 고집스러움과 완고함은 약한 자아의 또 다른 모습이다. '강한 자아'를 가진 지휘관들은 다른 생각과 정보에 유연하게 반응하며, 열린 마음으로 사물을 보기 때문에 적의 의도나 능력에 대한 정확한 판단이 가능하다. 그는 강한 자아를 갖고 있는 유능한 지휘관의 사례로 제임스 울프James Wolfe, 아서 웰링턴Arthur Wellesley Wellington, 줄루족의 샤카Shaka, 나폴레옹, 호

레이쇼 넬슨Horatio Nelson을 든다.

군조직의 특성상 상명하복과 성취동기를 무시할 수는 없다. 목숨이 걸린 전장에서 상관에 대한 절대 복종은 군 기율을 유지해주는 핵심 가치이기 때문이다. 그러나 지휘관, 특히 전투를 실질적으로 지휘하는 상급 지휘관의 경우, 부하들에게 맹목적 복종과 절대적 충성을 요구하는 것은 작전상의 참사를 가져올 수 있는 심리적 조건이 된다고 저자는 지적한다. 강한 자아로 무장한 지휘관만이 자신과 전통에 도전하는 새로운 생각과 주장을 관대한 마음으로 경청할 수 있으며, 나아가 개혁을 주도할 수 있다. 무능한 지휘관들이 많았음에도 영국이 전쟁에서 승리할 수 있었던 것도 바로 강한 자아의 지휘관이 더 많았기 때문이다.

40년 전에 출판된 책이지만, 판을 거듭하며 여전히 읽히는 것은 이 책이 평상시에는 잘 보이지 않는 무능한 지휘관의 내면세계를 흥미롭게 보여주기 때문이다. 사단장급 이상 지휘관이라면 꼭 읽어보고 자신은 어디에 속하는지 한 번쯤 생각해보는 것도 필요하지 않을까. 시간이 없다면 2, 11, 21, 22, 25, 27장만 봐도 괜찮을 듯하다.

"우리는 한 형제다"

스티븐 앰브로즈 지음, 《밴드 오브 브라더스》, 신기수 옮김, 코리아하우스, 2010년.

Stephen E. Ambrose, *Band of Brothers: E Company, 506th Regiment, 101st Airborne from Normandy to Hitler's Eagle's Nest*, Simon & Schuster, 1992.

'밴드 오브 브라더스'는 셰익스피어의 희곡 〈헨리 5세〉에 나오는 말이다. 헨리 5세는 압도적인 전력의 프랑스군과 일전을 앞두고 병사들에게 이렇게 연설했다. "우리는 한 형제들이다We band of brothers." 그에게 전우는 형제와 같은 존재였다.

헨리 5세가 아쟁쿠르에서 대면해야 했던 프랑스군은 거의 영국군의 세 배에 이르는 대규모 전력이었다. 승부를 가늠할 수 없는 상황에서 지휘관으로서 그는 병사들에게 외친다. "우리는 한 형제들이다. 오늘 나와 함께 피 흘리는 자는 모두 나의 형제일지라." 지휘관과 전우의 관계를 이처럼 명쾌하게 표현한 말은 찾아보기 어렵다. 함께 피를 흘릴 수 있는 이들만이 전우라는 이름에 걸맞은 존재다. 그래서 그들은 핏줄을 초월하는 하나의 형제가 된다.

이 책은 제2차 세계대전에 참전했던 미국 제101 공수사단 506연대 이지E 중대원의 이야기를 그리고 있다. 이지 중대는 노르망디 상륙작전을 시작으로 아르덴 전투(1944~1945), 바스토뉴와 벌지 전투(1944~1945) 등 주요 전투에 참전했으며 전쟁 막바지에는 오스트리아 알프스에 숨겨진 히틀러의 독수리 요새까지 점령하는 경이로운 공을 세우게 된다. 이 책은 이지 중대 생존자들과의 인터뷰를 중심으로 전쟁터에서 그들이 감당해야 했던 고통과 상처 그리고 빛나는 전우애를 담고 있다.

이 책이 우리에게 알려진 것은 미국의 유선방송 HBO의 10부작 미니시리즈(2001)로 제작되면서부터다. 당대 최고의 영화감독인 스티븐 스필버그와 배우 톰 행크스는 이 책을 읽고 곧바로 제작에 들어갔다. 그리고 미국에서 처음 방영되었을 때 엄청난 반향을 불러일으켰다. 우리나라에도 수입되어 젊은 남성들의 시선을 사로잡았다. 핸드헬드handheld 기법으로 촬영된 사실적인 전투 장면은 다큐멘터리에 버금가는 생생함을 전해주었다.

죽음의 두려움을 이겨내고

우리가 이 작품에 감동하는 것은 참혹한 전쟁을 온몸으로 감당해야 했던 병사들이 보여준 용기와 헌신 그리고 두려움을 이겨내는 정신력 덕분이다. 총탄과 포탄이 작렬하는 전장에서 죽음은 결코 낯선 것이 아니다. 죽음의 두려움이 다가오는 가운데도 그들은 이렇게 말한다. "우리는 온종일 우리 주변을 맴도는 죽음을 발견하고 그 냄새를 맡지만, 결코 거기 굴복하지 않는다. 우리는 두려움에 떨며 죽으려고 여기에 온 것이 아니다. 우리는 승리하기 위해 온 것이다."

전장에서 병사들이 소망하는 것은 후송당할 만큼 부상을 입는 것이다. 적당한 정도의 부상을 입으면 '축하한다'는 인사를 받는다. 그렇다 보니 후송되기 위해 자해를 하는 경우도 심심치 않게 발생하는 것이 전선의 현실이다. 그런데 이지 중대에서는 병원에 후송된 병사들이 전우와 함께 싸우기 위해 다시 전선으로 돌아올 정도로 강한 전우애를 보여주었다.

빌은 전투에 참여하기 위해 병원에서 탈출했고 토이 조 역시 자발적으로 퇴원하여 복귀했다. 네덜란드 강습에 빠지지 않기 위해 병원을 무단이탈한 뽀빠이도 있다. 이들에게 이지 중대는 일종의 운명공동체였다. '함께 피 흘린' 전우들 간에 깊은 형제적 유대가 형성된 것이다. 그들은 서로를 위해 죽을 준비가 되어 있었고, 더욱 중요하게는 서로를 위해 적을 죽일 준비가 되어 있었다.

전투가 참혹할수록 운명을 나눈 전우애는 더욱 깊어진다. "거기서 살아남은 대원 가운데 상처가 없는 경우는 못 봤다. 그게 이지 대원들을 더욱더 단결시킨 계기인지도 모른다." 죽음의 공포를 함께 이겨낸 전우보다 더 깊은 형제애를 느끼는 경우는 없을 것이다.

전투 한가운데 선 중대장

그렇다면 이런 중대를 만드는 원동력은 무엇일까? 위험한 전투를 많이 치르면 그렇게 되는 것일까? 이지 중대가 빛나는 것은 그 한가운데 딕 윈터스Dick Winters라는 중대장이 있기 때문이다. 이지 중대 2소대장으로 참전하지만 노르망디 강습 때 중대장이 죽는 바람에 그 직책을 맡게 된 그는 사실상 이 작품의 주인공이다. 중대원의 말을 들어보자. "그분은 늘 옳은 판단을 했었죠. 진짜 군인이었어요. 다른 몇몇 장교들과 달랐습니다. 그와 함께라면 물에라도 뛰어들었을 겁니다. 그는 최고였죠."

그는 늘 전투의 맨 앞에 서서 솔선수범으로 병사들을 이끌었다. '사즉생생즉사生卽死 死卽生'의 원리를 온몸으로 구현한 지휘관이었던 것이다. "리더라면 앞장을 서야죠. 그건 쉬우면서도 힘든 일이죠."

그러나 용감함만으로 훌륭한 지휘관이 되지는 못한다. 용맹함으로 말하자면 스피어스 중위가 더 높은 평가를 받을 것이다. 그러나 중대장 윈터스는 올바른 전술적 판단에 따라 가장 적은 피해를 내고 가장 큰 전과를 내는 유능한 지휘관이었다. 노르망디 강습 직후 그가 감행한 독일군 포대 공격은 고착 진지 공격의 교과서적 사례로 지금도 미국 웨스트포인트 육군사관학교에서 교육되고 있을 정도다.

그가 더욱 훌륭한 것은 상급 지휘관의 불필요한 명령을 피해 가는 지혜로움과 용기를 갖추었기 때문이다. 독일군이 몰락하는 시점에 상관인 싱크 대령은 독일군 진지로 침투하여 포로를 생포해 오라는 명령을 내린다. 첫 번째 명령에 충실히 따랐던 윈터스는 한 번 더 침투하라는 명령에 겉으로는 따르는 척하지만 사실상 이행하지 않는다. 부하들에게 불필요한 희생을 강요할 수는 없었기 때문이다. 한 생존 용사는 "그를 실망시키지 않기 위해 최선을 다했을 만큼 그를 존경했다"고 말했다. 그만큼 그는 부하들에게 존경의 대상이었다.

이 작품에는 가학적 소벨 대위, 알코올 중독자 닉슨 중위, 용맹한 스피어스 중위, 연대장 싱크 대령, 금수저 출신의 마이크 중위 등 많은 지휘관이 등장한다. 전우들의 이야기인 《밴드 오브 브라더스》를 초급 지휘관들이 가장 관심 있게 봐야 할 이유도 여기에 있다. 어떤 교과서적 이야기보다 깊은 교훈을 전해줄 것이다.

한국어 번역본이 나와 있지만 구태여 책을 읽을 필요는 없을 것 같다. 스필버그 감독의 HBO 10부작이 원작보다 낫다는 평가를 받기 때문이다. 게다가 전쟁의 현장감을 배우는 데도 영상이 적지 않은 도움이 된다. 주말에 시간을 내어 본다면 큰 도움이 될 것이다.

군 지휘부의 의무

H. R. 맥매스터 지음, 《의무의 방기: 존슨, 맥나마라, 합동참모본부 그리고 베트남 전쟁으로 이어진 거짓말들》.

H. R. McMaster, *Dereliction of Duty: Johnson, McNamara, the Joint Chiefs of Staff, and the Lies That Led to Vietnam*, HarperCollins, 1997.

전쟁 수행과 관련한 정부의 의사결정에서 군 지휘부는 어떤 역할을 해야 할까? 전쟁 역시 국가의 정책 목표를 달성하기 위한 수단이라는 점에서 대통령의 결정에 순응해야 하는 것일까? 아니면 전문성을 바탕으로 적극적인 의견 개진을 통해 주도적으로 의사결정에 참여해야 하는 것일까?

저자 허버트 맥매스터 장군은 베트남에 대한 린든 존슨 행정부의 의사결정 과정을 분석하여 이런 질문에 답하려 한다. 그의 문제의식은 "베트남 전쟁에 미국이 왜, 어떻게 개입하게 되었는지 여전히 불확실하다"는 것. 특히 "베트남 관련 의사결정에 군이 어떤 역할을 수행했는지 제대로 이해되지 않고 있다"는 것이었다.

그가 책에서 다루는 시기는 케네디 대통령이 국방장관으로 로버트 맥나마라Robert McNamara를 임명한 1961년부터 미군이 베트남에 본격적으로 투입되는 1965년 7월까지다. 이때 이루어진 정부의 결정이 이후 베트남 정책의 방향과 승패를 가름했다는 것이 저자의 판단이다.

존슨 대통령과 맥나마라 국방장관, 안보 관련 보좌진, 그리고 미국 합동참모부(이하 '합참')를 구성하고 있는 합참의장과 각 총장들의 발언과 태도, 그들에 의해 이루어진 의사결정이 주요 분석 대상이다. 이들의 정치적 욕망과 충성심, 집단이기주의와 전략적 판단 등이 상호작용해서 정부 정책이 결정됐기 때문이다.

43세의 젊은 나이에 취임한 케네디 대통령을 바라보는 국민들의 시선에는 새로운 기대가 가득했다. 그러나 전통적 군부와 케네디 행정부는 처음부터 원만한 관계를 유지하지 못했다.

쿠바 전복을 목표로 했던 피그만 공격(1961)이 실패로 끝나자 책임 문제를 놓고 백악관과 군부 사이의 감정이 악화됐다. 케네디는 통계학자 출신의 맥나마라 국방장관을 앞세워 구닥다리 군대를 몰아붙였다.

케네디 암살 이후 대통령의 자리를 승계한 존슨도 마찬가지였다. 그들은 오랜 경험의 군 지휘부보다 자신들의 정치적 이해에 충실한 민간인 출신 보좌진을 더 신뢰했다. 대통령은 합참을 통해 필요한 조언을 구해야 했지만, 자신이 듣고 싶은 것만 들으려 했다. 그리고 그렇지 않은 이야기들은 무시했다.

정치적 이해 vs. 군사적 타당성

정치인으로서 존슨 대통령의 관심사는 무엇보다 선거에서 이기는 것이고, 자신의 프로젝트를 뒷받침할 법률이나 예산안을 통과시키는 것이었다. 대통령 보좌진들의 일차적인 목표 역시 대통령의 정치적 바람을 실현하는 것이었다. 이에 비해 군부를 대표하는 합참은 군사적 목표의 설정과 달성 방법의 타당성에 더 방점을 두게 마련이다. 1964년에 통킹만 사건이 터졌을 때 합참이 제시했던 대응 방안은 군사적 효과를 염두에 둔 것이었다. 그러나 선거를 앞둔 존슨 대통령으로서는 베트남 문제를 '최대한 조용하게' 처리하는 것이 더욱 중요했다. 존슨은 공산주의를 봉쇄하는 일에 단호한 결의를 보여주는 동시에 미국의 직접 개입과 같은 논란을 일으키지 않아야 했다.

그러나 이러한 애매한 입장을 군부로서는 납득하기 어려웠다. 단호한 입장을 과시하는 동시에 직접 개입은 회피하는 전략적 애매함은 군사적으로 효과적이지 않기 때문이다. 군은 확실하고 직접적인 개입(5년간 50만 명 이상 투입)을 통해 베트콩과 이를 지원한 북베트남을 완전히 무력화시키고 싶어 했다. 그러지 못할 경우 불필요한 개입은 피해야 한다는 것이 합참의 판단이었다.

그러나 존슨 대통령의 입장에서는 베트남을 포기하는 것도, 적극적으로 개입하는 것도 불가능한 대안이었다. 베트남을 포기하는 것은 자유 세계의 수호자로서 미국의 명성을 심각하게 침해할 뿐만 아니라 자유 세계 전체의 붕괴로 이어질 수도 있다는 불안감이 컸다. 그렇다고 적극적 개입은 코앞에 다가온 선거를 망칠 수도 있는 뜨거운 의제였다. 게다가 과도한 개입은 6·25전쟁에서 보여주었듯이 중국과 소련의 참전을 가져올 수도 있기 때문에 선택하기 힘든 대안이었다. 결국 존슨 행정부가 선택한 정책은 공산주의자들의 공세에 대응해서 "점진적으로 압력을 강화"해 나간다는 것이었다.

강요된 합의에 암묵적으로 동의한 군 지휘부

맥나마라 국방장관과 존슨이 임명한 맥스웰 테일러Maxwell D. Taylor 합참의장은 각 군 총장을 교묘하게 설득하여 자신들의 점진적 압력강화 정책에 동의하게 했다. 존슨을 비롯한 민간 보좌관들은 군 지휘부를 크게 신뢰하지 않았다. 구태의연하게 군사적 개입 확대만 주장하지, 외교적으로 문제를 해결할 상상력이 부족하다고 생각했다. 게다가 합참은 각 군 간의 경쟁으로 어떤 합의된 목소리도 내기 어려운 상황이었다. 맥나마라는 이러한 각 군의 이기심을 이용했고, 각 군 참모총장들은 허울 좋은 약속을 믿고 맥없이 끌려갔다.

1964년만 해도 군 지휘부는 맥나마라의 점진적 압력강화 정책의 타당성을 의심했다. 백악관과 합참의 불화가 논란거리가 되었을 정도였다. 그러나 1964년 12월 존슨이 압도적인 표차로 대통령에 당선되자 정부 정책을 추종하는 분위기가 형성됐다. 백악관에 우호적인 얼 휠러Earle Wheeler 장군이 합참의장에 취임하면서 더욱 순응적으로 변했다. 이제 전략적 목표 자체의 타당성 논의는 사라지고, 어느 부대를 얼마나 투입할지에 대한 전술적 문제만 논의됐다. 정부 정책에 대한 암묵적 수용이 이루어지자 각 군은 전쟁에서 더 많은 역할과 예산을 타내기 위한 경쟁에 나섰다.

저자가 질타하는 것은 이 과정에서 군 지휘부가 보여준 '의무의 방기'다. 합참은 행정부와 의회에 자신들의 전문성과 경험에 비추어 올바른 조언을 해야 하는 합법적 기구임에도 존슨 행정부의 잘못된 정책을 지지하거나 암묵적으로 동의함으로써 자신들의 의무를 방기했다는 것이다.

합참의 군 지휘부는 각 군의 집단이기주의 속에서 합의된 목소리를 내는 데 실패했다. 오히려 합참은 강요된 합의에 암묵적으로 동의했다. 존슨 대통령이나 맥나마라 국방장관이 미 의회나 국민에게 진실을 말하지 않는 가운데 합참은 침묵하면서 국가를 잘못된 방향으로 이끄는 일에 일조했다.

베트남의 재앙, 인간적 실패의 결과

그렇다면 왜 이런 문제가 발생할까? 저자는 다음과 같은 말로 책을 마무리한다. "베트남 전쟁에서 미국이 패배한 곳은 전투 현장이 아니라 바로 워싱턴 D.C.였다. 베트남에서의 재앙은 비인간적 요인들의 결과가 아니라 전적으로 인간적 실패에 의한 것이다. 그 책임은 존슨 대통령과 주요 안보 보좌관, 그리고 군 지휘부가 함께 져야 한다. 베트남 전쟁 패배는 그들이 보여준 자만심, 나약함, 자기 이익을 위한 거짓말, 그리고 무엇보다도 미국 국민에 대한 의무의 방기와 같은 잘못들이 상호작용한 결과다."

저자인 맥매스터는 도널드 트럼프 행정부의 대통령 국가안보보좌관을 지냈다. 미 육군사관학교에서 역사학을 강의한 학자이자 걸프전에서 신화로 남은 '73이스팅 전투(1991)'의 주인공이기도 하다. 이 책은 출간 즉시 《뉴욕타임스》 베스트셀러가 되었지만 군 지휘부에 대한 신랄한 표현으로 격렬한 찬사와 비난을 동시에 받았다. 그가 장군으로 진급하지 못할 거란 예상도 많았다. 그러나 그는 보란 듯이 3성 장군에 진급했고, 급기야 미국의 국가안보 정책을 조율하는 위치에까지 올랐다.

이 책의 일차적 대상은 고위 군 지휘관들이다. 하지만 국방 안보 정책의 결정에 관여하는 이들이라면 누구나 일독해야 할 책이다. 베트남 전쟁으로 가장 큰 정치적 좌절을 경험한 이들이 바로 존슨 대통령과 그 보좌진이기 때문이다.

'40초 보이드', 계급을 뛰어넘는 성취

로버트 코램 지음, 《보이드: 전쟁의 방식을 바꾼 전투기 조종사》.
Robert Coram, *Boyd: The Fighter Pilot Who Changed the Art of War*, Little, Brown, 2002.

존 보이드John Boyd를 아는가? 아마 공군 장교들은 들은 적이 있을 것이다. 그를 모르는 이들도 '우다루프'로 알려진 그의 의사결정 모델은 익숙할지 모른다. 이 책은 전투기 개혁과 전략 개발을 위해 헌신한 보이드 대령의 이야기를 담고 있다.

미 공군 보이드 대령의 별명 가운데 하나는 '40초 보이드'다. 전투비행학교에 다녔던 그는 모의 공중전 전투에서 탁월한 역량을 보였다. 이후 교관으로 발탁된 그는 꼬리가 물린 상태에서 40초 이내에 자신을 잡는 사람에게 40달러를 주겠다는 공개적 내기를 걸었다. 그러나 어떤 조종사도 그를 당해내지 못했다.

그가 이러한 역량을 발휘할 수 있었던 것은 한국전 참전 경험 덕분이었다. 당시 소련제 미그-15는 속도와 상승고도에 있어 미국의 F-86 세이버를 앞섰지만 실제 공중전에서는 10대 1로 격추당했다. 이를 분석했던 보이드는 F-86의 두 가지 장점에 주목했다. F-86은 운전석(캐노피)이 높이 개방되어 있어 적기를 발견하기 쉬웠다. 게다가 좌우로 선회할 수 있는 롤레이트roll rate가 뛰어났기 때문에 공격에 훨씬 유리했다.

우다루프에 담긴 전승 비결

여기서 그는 공중전의 일반적인 원칙을 도출한다. 전투는 관찰observe, 방향 설정orient, 결심decide, 행동act이 중첩되면서 빠르게 전개되는데 이러한 의사결정의 순환을 더욱 빠르게 수행하는 쪽이 승리할 가능성이 크다는 것이다. 앞 글자를 따서 흔히 우다루프OODA Loop라 불리는 의사결정 모델이다.

그렇다면 상대보다 빠르게 우다루프를 돌리기 위해서는 어떻게 해야 할까? 무엇보다 적을 먼저 발견해야 한다. 그러나 적의 발견보다 중요한 것은 적의 의사결정을 혼란에 빠트리는 신속한 기동이다. 갑작스러운 상승이나 급회전은 상황을 변화시킴으로써 새로운 방향 설정을 강요하게 된다. 예상을 뛰어넘는 기동으로 적의 우다루프를 무력화시키는 것이다. F-86이 미그-15보다 속도나 화력에서 뒤졌지만 압도적 우위를 보였던 이유도 신속한 좌우 기동을 통해 적의 우다루프를 마비시켰기 때문이다. 보이드가 모의 공중전에서 절대 강자가 된 이유도 여기에 있다.

이러한 논리를 바탕으로 30대 초반의 보이드는《공중전 연구Aerial Attack Study》를 발간했다. 당시만 해도 비행술은 도제식으로 전달되는 예술에 가까운 것이었다. 공중전의 전술을 혁명적으로 바꾼 것으로 평가받는 이 책의 핵심은 적의 위치와 고도를 아는 것이 승리의 첫 번째 관건이라는 것이다. 그것을 알아야 상대가 어떻게 할지 알아차리고, 자신이 어떻게 대응할지 판단할 수 있기 때문이다. 그다음은 보다 빠른 우다루프를 돌리는 것이다. 갑작스러운 기동으로 적의 우다루프를 빼앗는 것 또한 중요하다.

보이드는 이러한 자신의 이론을 더욱 발전시켜서 전투기의 에너지와 기동성의 관계를 규명한 에너지-기동성 이론을 개발하게 된다. 동료 수학자의 도움을 받아 정식화된 이 이론은 이후 미국에서 개발된 F-16, F-18 전투기 디자인에 결정적인 영향을 미쳤고 지금은 전투기 디자인의 세계적 표준으로 인정받고 있다.

가볍고 날렵해야 한다

그의 전투기 철학은 가볍고 날렵해야 한다는 것이다. 그래야 높

F-16 팰콘의 위용. 가볍고 날렵해야 한다는 보이드의 전투기 철학이 가장 잘 반영된 F-16 팰콘 전투기는 지금까지 4000여 대가 생산된 가장 성공적인 전투기 프로젝트로 평가받고 있다. 하지만 보이드는 관료들이 부패하지 않았더라면 이 전투기는 훨씬 더 우수해졌을 것이라고 믿었다.

은 기동성을 발휘할 수 있고 전술적으로도 유리하기 때문이다. 이러한 생각을 가장 잘 반영한 것이 단발 엔진의 F-16 팰콘이다. 이 전투기는 값비싼 F-15 때문에 골치를 앓고 있던 국방부에도 환영받았다. 이 전투기는 1970년대 개발되어 미 공군의 핵심 전력으로 유지됐으며 우리나라를 비롯한 자유 진영 국가의 주력 전투기가 되었다.

그는 자신의 전쟁 이론을 공군에만 국한하지 않았다. 해병대 교리 개발에 관여하면서 기동력 중심의 해병대를 탄생시켰다. 보다 포괄적인 전략 이론으로 집대성한 것이《분쟁의 유형Patterns of Conflicts》(1986)이다. 모두 195장의 슬라이드로 구성되어 있는 이 브리핑 자료에는 마라톤 전투(기원전 490)에서부터 이스라엘의 이라크 공습(1976)까지 인류사의 주요 전투가 분석되어 있다.

그가《분쟁의 유형》에서 제시했던 임무는 전쟁의 도덕적-정신적-물리적 본질을 분명히 함으로써 성공적인 작전의 유형을 도출하는 것이었다. 승리를 위해 그가 목표로 삼았던 것은 상대방의 우다루프에 혼란과 무질서를 심어주는 것이다. 아군이 주도권을 쥐고 상대가 예상하지 못했던 시점과 방식으로 빠르게 기동하면서 혼란스러운 상황을 만듦으로써 상대가 제대로 판단하지 못하게 하는 것이다. 즉 '전략적 마비' 혹은 정신적 붕괴 상태를 강제함으로써 물리적으로 압도하고 상대의 결전 의지를 박탈하는 것이다.

이러한 생각은 상대가 예상하지 못할 방향과 템포의 기동을 통해 적의 우다루프를 마비시킴으로써 전술적 우위를 차지하는 공중전의 승리 요건을 전략적 차원으로 발전시킨 것이었다. 이러한 업적만으로도 보이드는 '전쟁의 방식을 바꾼' 위대한 인물로 남았을 것이다. 그러나 그가 더욱 위대한 것은 공식적인 업적보다 그가 살아온 방식 덕분이 아닐까 한다. 코램의 전기가 매력적인 이유도 여기에 있다.

일체의 타협을 거부한 신념의 인물

보이드는 무엇보다 군대라는 계급 질서에 안주하지 않고 자신의 신념을 끝까지 견지한 인물이었다. 그는 전투비행학교 교관 시절 혹독한 훈련을 강요한 탓에 '미친 소령'이라는 별명을 얻었다. 새로운 교리 개발과 올바른 교육을 위해 복종과 충성을 기대하는 상관들과 싸웠다. 미 국방부에 들어가서는 군수산업으로 이익을 보려는 장군들의 공적이 되었다. 그는 부당한 상관들에게 서슴지 않고 돌직구를 날렸다. 자신을 염려하는 이들에게 "인생의 갈림길에 서게 되면 잘난 자리를 차지하려고 할지, 아니면 옳은 일을 하려고 할지를 결정해야 한다"고 말하면서 상대에게 어떤 길을 가려고 하는지를 되물었다.

그가 장군 진급에 실패한 것은 일체의 타협을 거부하는 올곧은 성정 탓이었다. 진급에 실패한 대령들은 대부분 군을 떠나게 되지만 그는 오히려 군에 남아 전투기 개혁에 앞장섰다. 밖에 나가 불만을 토로하기보다는 내부로부터의 개혁을 추구한 덕분에 F-16 같은 걸작을 만들어낼 수 있었다. 군은 자신을 버렸지만, 그는 국가와 군을 버리지 않았다. 오히려 더욱 열성적이고 지독한 방법으로 자신이 생각한 전투기 개혁을 추진했다.

이 과정에서 그가 보여준 독한 열정은 결코 '열심히'란 단어로만 설명할 수 없을 정도다. 그가 에너지-기동성 이론을 개발하는 과정에서 보여준 탐구열은 학자들조차 따라가기 어렵다. 그는 열역학, 유체역학, 기계공학 등 항공기 개발에 관련된 학문을 섭렵하면서 F-16 프로젝트를 추진했다. 이후의 전략 이론 개발에서도 마찬가지였다. 《분쟁의 유형》 말미에 첨부된 참고문헌은 어떤 전문 서적에 못지않은 탐구의 흔적을 보여준다. 군인이 공부해야 한다는 것을 몸으로 직접 보여준 것이다.

그가 더욱 위대한 것은 자신의 소신과 삶의 태도를 지키기 위해 한 치의 흐트러짐도 보이지 않았다는 것이다. 그는 전투기 개발이라는 천문학적 비용이 투입되는 사업에서 엄청난 유혹을 받았지만 전혀 흔들리지 않았다. 그는 워싱턴의 값싼 아파트에서 근검절약하며 살았다. 그에게 '빈민촌 대령'이라는 별명이 붙여졌다. 심지어 공식적인 급여까지 거절할 정도였다. 식구들은 퇴직연금으로 먹고살 수 있기 때문에 급여가 필요하지 않다는 이유였다.

보이드는 장군이 되지는 못했지만 대령으로서도 국가와 군을 위해 얼마나 많은 일을 할 수 있는지를 보여준 빛나는 사례다. 계급이 모든 것일 수 있는 곳에서, 계급을 뛰어넘는 성취를 보여준 존 보이드를 만나야 할 시점이 아닌가 한다. 빠른 시일 내에 번역본이 나오기를 기대한다.

사람들은 어떻게 결정을 하는가

게리 클레인 지음, 《의사결정의 가이드맵》, 은하랑 옮김, 제우미디어, 2005년.

Gary A. Klein, *Sources of Power: How People Make Decisions*, MIT Press, 1998.

1992년 걸프전 당시 페르시아만을 항진하던 영국 구축함 글로우세스터호 레이더에는 미확인 물체가 접근 중이었다. 이라크군이 보유한 실크웜 미사일이나 미군의 A-6로 보였다. 문제는 레이더상으로는 구별할 수 없다는 것.

이렇게 적의 미사일과 우군의 항공기를 식별하지 못하는 상황에서 지휘관들은 어떻게 대응해야 할까? 격침당하느냐 마느냐를 결정해야 하는 순간이다.

일반적으로 의사결정에 관련된 논의는 '합리적 선택'을 강조한다. 주어진 정보를 기반으로 적절한 대안을 비교 평가해서 가장 유리한 것을 선택하는 것이 합리적이라는 주장이다. 그러나 이 사례처럼 많은 것이 불확실한 상황에서 아주 짧은 시간 내에 결정을 내려야 한다면 상호 간의 비교 평가를 통한 합리적 선택이 가능할까?

저자의 문제의식은 전투 상황과 같이 정보가 제약되고 불확실성이 지배하는 긴박한 상황에서는, 충분한 정보와 시간이 주어진 상황을 전제로 하는 합리적 의사결정 모델을 적용하기 어렵다는 것이다. 그래서 그는 전투 상황이나 화재 현장 그리고 응급 상황과 같은 긴박한 현장에서 실제 의사결정이 어떻게 이루어지는지를 연구했다. 이러한 긴박한 실제 상황을 분석하면서 시간 제한, 고도의 위험, 경험이 풍부한 의사결정자, 정보의 부족과 오류 가능성, 불확실한 목표와 개략적인 절차, 단서를 통한 학습, 맥락(의 영향), 역동적으로 변화하는 조건, 팀 구성원 간의 협력이 공통적으로 존재한다는 것을 발견했다.

직관의 힘과 가상적 추론

다시 글로우세스터호로 돌아가보자. 글로우세스터호의 대공방어 담당 장교는 어떻게 실크웜 미사일을 식별할 수 있었을까? 당시 실크웜 미사일과 A-6기를 구분해주는 것은 고도뿐이었다. 그러나 담당 장교는 고도 레이더가 켜지기 전에 이미 미확인 물체가 적의 미사일임을 확신했다고 한다. 이 물체가 가까이 다가올수록 속도가 빨라졌다는 것을 판단의 근거로 들었으나 이후 전문가들이 확인한 결과 속도의 변화를 포착할 수는 없었다.

그럼에도 그의 판단은 정확했고 덕분에 무사히 적의 미사일을 요격할 수 있었다. '직관의 힘'이 작동했던 것이다. 사실 그는 미확인 물체가 레이더에 뜨자마자 적의 미사일로 확신했다고 한다.

그렇다면 이러한 직관의 힘은 어떻게 발현되는 것일까? 저자는 직관은 오랜 경험을 통해 상황에 내포된 핵심적 특성이나 유형을 순식간에 파악하는 능력을 의미한다고 말한다. 이전 경험과 훈련을 통해 상황에 내재된 어떤 원형이나 유형을 발견할 수 있다는 것이다. 물론 과거의 경험이 새로운 상황과 일대일로 부합하는 경우는 드물다. 하지만 경험 있는 지휘관이라면 은유와 유추를 통해 주어진 상황을 지배하는 유형이나 특성을 파악할 수 있다. 저자는 이를 '유형부합pattern matching'이라고 개념화한다. 이를 통해 어떤 행동 절차가 효과적일지를 인식할 수 있게 된다.

직관적 판단 다음에는 '가상적 추론mental simulation'이 이루어진다. 머릿속으로 사태가 어떻게 전개될지 추론해보는 것이다. 이러한 가상의 추론을 통해 사태의 흐름은 기승전결의 스토리 구조를 갖게 된다. 이후 행동은 이런 스토리에 기반해서 전개될 것이다. 여기에는 직관적 판단에 따른 행위들이 이루어질 경우, 어떤 일이 벌어질지 상상하고 문제점을 추출하는 과정도 포함된다.

저자는 긴박한 상황일수록 의사결정자는 자신의 경험에 기반한 직관적 판단과 가상적 추론을 통해 대응 행동을 결정한다고 설명한다. 기존의 합리적 의사결정 모델처럼 주어진 대안을 비교 평가해서 선택하는 것이 아니라는 것이다.

자연주의적 의사결정 방식

저자는 이러한 의사결정 방식을 인지-촉발 결정 모델recognition-primed decision model이라 부른다. 상황에 대한 직관적 인지를 중심으로 의사결정이 이루어진다는 의미다. 조종사, 소방관, 응급대원을 대상으로 조사한 결과 약 81.4퍼센트가 이렇게 의사결정을 하는 것으로 나타났다. 이 모델을 자연주의적 의사결정 방식이라 부르는 이유다.

자연적이라 해서 문제가 없는 것은 아니다. 지휘관을 포함한 의사결정자들의 직관적 판단과 가상적 추론이 늘 맞는 것은 아니기 때문이다. 그리 이상한 일도 아니다. 직관적 판단과 가상적 추론이 어긋나는 경우 새로운 단서를 기초로 새롭게 상황을 해석하고 이에 부합하는 판단을 내리면 된다. 화재 현장에서 일반적인 경우와 다른 수상한 단서가 발견되면 일단 소방관을 건물 밖으로 철수시키는 것도 이런 이유에서다. 그러나 화재 현장과 달리 전투 상황에서의 결정은 그리 간단하지 않다. 공격 여부를 결정하는 양단간의 결단을 내려야 하기 때문이다.

왜 잘못된 결정을 하는가

의사결정의 어려움을 보여주는 대표적 사례가 1988년 발생한 미국 이지스 순양함 빈센스호의 이란 민항기 격추 사건이다. 이란-이라크 전쟁이 한창이던 당시 미국은 민간 선박에 대한 이란의 공격을 막기 위해 빈센스호를 페르시아만에 출동시켰다. 그런데 빈센스호가 그만 이란 민항기를 전투기로 오인해 격추시킨 것이다. 당시 승무원들은 민항기의 이륙 초기에 탐지한 피아 구별 신호IFF를 과신한 나머지 다른 정보를 편향 인식했다. 이란 민항기는 빈센스호에 접근하면서 상승했지만 빈센스호 승무원들은 하강하는 것으로 오해했다. 게다가 하강하던 아군 항공기까지 혼란을 부추겼다. 국제 콜사인에 제대로 응답하지 않은 민항기 조종사의 잘못도 컸다.

이 사례에서도 알 수 있듯이 훌륭한 지휘관이라도 잘못된 결정을 내릴 수 있다. 저자는 잘못된 결정을 내리게 되는 가장 중요한 요인으로 경험 부족을 꼽는다. 오판으로 드러난 25개 사례 가운데 16개가 경험 부족이 원인이었다. 두 번째 원인은 정보 부족이었다. 특히 피아 구분이 어려운 불확실한 상황에서 오판의 가능성이 높다. 다음으로는, 지휘관이 문제로 인식하고도 자기 방식으로 설명해버림으로써 상황 판단을 변화시킬 단서로 받아들이지 않는 경우다.

결국 모든 것이 경험의 문제로 귀착된다. 유능한 지휘관은 모든 것이 불확실한 상황에서도 현명한 선택을 내리는 경륜과 지혜를 갖고 있어야 한다. 그러나 궁극적으로 중요한 것은 경험 자체보다 여기서 함양되는 전문성이라는 점을 저자는 강조한다. 아무리 경험이 많아도 상황에 대한 복기와 비판적 성찰 없이는 전문성이 쌓이지 않기 때문이다.

이외에도 이 책에는 올바른 의사결정 능력을 기르기 위한 빛나는 통찰이 가득하다. 수많은 선택과 결단 속에서 살아가야 하는 젊은이라면 누구나 읽어야 할 책이다. 부하의 생명을 짊어진 지휘관이라면 더 말할 나위도 없다.

전술,
승리의 이론

B. A. 프리드먼 지음, 《전술론: 전투의 승리 이론》.

B. A. Friedman, *On Tactics: A Theory of Victory in Battle*, Naval Institute Press, 2017.

전쟁이나 전투에서 변하지 않는 본질이 있을까? 제4세대 전쟁론을 내세우는 이들은 전투의 본질과 방식이 혁명적으로 변하고 있다고 주장한다. 과연 그럴까? 제임스 매티스James Norman Mattis 장군(전 국방장관)은 단호히 "그렇지 않다"고 대답한다. 무기는 달라지고 있지만 전투의 본질은 바뀌지 않았다는 것이다.

군사학에서 가장 핵심적 개념은 전쟁, 전략, 전술일 것이다. 클라우제비츠가 잘 정리했듯이, 전략은 전쟁(물리적 방식으로 국가 정책 추구)의 목표를 달성하기 위한 전술적 운용을 포괄하는 광범위한 계획

같은 것이다. 그런 점에서 전략은 전술적 차원의 전투와 정책적 차원의 전쟁을 연결하는 다리와 같다. 여기서 '전략적 연계'가 도출된다.

전술적 이론화 필요

성공적 전략은 전쟁과 전술에 대한 굳건한 이해를 요구한다. 전쟁과 전략에 대한 연구가 아무리 풍성하다 해도 전술에 대한 이해가 부족하다면, 훌륭한 다리를 놓을 수 없다. 궁극적 목표인 전쟁의 승리를 위해서는 전략적 고민과 함께 전술적 논의도 중요하다.

저자가 전술에 대한 이론을 제시하려는 것도 이러한 문제의식에 따른 것이다. 지금까지 전쟁과 전략에 관한 논의는 서고를 채울 만큼 많이 나왔지만, 실질적인 전투 상황에서 필요한 전술적 원리에 대한 논의는 매우 빈곤했다는 것이다. 특히 기초 전투단위를 지휘해야 하는 초급 지휘관이 실제 전투 현장에서 적용할 수 있는 전술의 원리를 '알아듣기 쉽게' 전달하는 저술을 찾기 어려웠다. 그가 "진정한 전술 이론가는 결코 존재하지 않았다"고 단정하는 이유다.

물론 전투 교리도 있고, 자신의 경험과 역사적 사례를 통해 이런 저런 교훈을 얻는 것도 가능하다. 문제는 이 모두가 결합되지 못하고 파편화되어 있다는 것이다. 중요한 것은 이런 것들을 종합하여 실제 상황에 맞게 운용하는 것이다. 그러기 위해서는 이러한 요소들을 정합적으로 결합하는 이론 혹은 사고의 체계화가 필요하다. 저자가 이

크리스마스 저녁에 델라웨어강을 건너고 있는 대륙군의 결연한 모습. 미국 독립전쟁 초기 영국군에게 밀리던 대륙군은 기습 작전을 통해 반전을 꾀했다. 기습은 예상을 뛰어넘는 공격으로 적에게 놀람과 충격을 주는 가장 오래된 전술의 하나다. 에마누엘 로이체Emanuel Leutze, 「델라웨어강을 건너는 워싱턴Washington Crossing the Delaware」(1851). 캔버스 유화. 378.5×647.7cm. 미국 메트로폴리탄미술관 소장.

책의 부제를 '승리 이론'으로 붙인 것도 그런 까닭에서다.

그렇다고 저자가 원리나 법칙을 추구하는 것은 아니다. 불확실성이 지배하는 전투 상황에서는 어떤 원리나 법칙도 승리를 보장해주지 못한다. 그 대신 그는 초급 지휘관들이 주어진 상황을 해석하고 전투 방식을 결정하는 데 도움이 되는 전술적 신조를 제공하고자 한다. 이러한 신조는 전술적 상황에서 승리의 가능성을 높여주는 판단의 지침 같은 것이다. 중요한 것은 '무엇을 할 것인가'가 아니라 '어떻게 생각할 것인가'를 알려주는 것이기 때문이다.

그런 점에서 그의 목표는 승리를 이끌어낼 전술 이론을 개발하는 것이다. 우선 저자는 전술의 핵심적 요소를 풀러J. F. C. Fuller나 보이드가 구상했던 물리적·정신적·도덕적 차원에서 추출한다.

기동의 본질은 비대칭성

물리적 차원은 부대의 기동과 집중, 화력과 템포의 문제로 이해된다. 기동의 본질은 상대적으로 유리한 지점에서 적을 공격하는 것이다. 알렉산드로스 대왕의 측면 공격이나 나폴레옹이 좋아하던 후방 공격이 주효했던 이유다. 항공기 역시 기동 방식의 변화를 가져왔다. 공간적이든 기능적이든 상대가 적절히 대응하기 어려운 일종의 '비대칭성'이야말로 기동의 본질이라 할 수 있다.

집중은 수적 우위를 의미하지 않는다. 집중의 요체는 특정 시간과 장소에서 상대적 우위를 확보하는 것이다. 수적 열세를 이겨낸 모든 전투는 전력의 상대적 집중에 승리 요인이 있었다. 이를 위해 신속한 기동이 필요한 것은 말할 나위가 없다.

화력 역시 상대적이다. 프랑스 중갑기병을 분쇄한 것은 영국 장궁부대였다. 대포는 성벽 방어를 무력화시켰다. 무기 체계에 대한 정확한 이해와 상대의 장단점에 기초한 대응 화력의 선택과 결합이 중요하다고 저자는 강조한다.

템포는 속도와 다르다. 무조건 빠르다고 좋은 것은 아니다. 기동에서 알 수 있듯이 신속한 이동은 전술적으로 매우 중요한 요소다. 하지만 상황에 따라 템포를 늦추는 것이 유리할 때도 있다. 한니발의 공격으로 연전연패했던 로마를 구원한 것은 정면대결을 회피하는 '파비우스의 지연 전략'이었다. 중요한 것은 개별적 요소를 잘 결합하여 상황에 맞는 우세 전술을 펴는 능력이다.

물리적인 수단은 정신적·도덕적 효과와 결합되어야 제 역할을 발휘한다. 저자는 정신적 차원에서 속임수, 놀람, 혼동, 충격 요소를 강조한다.《손자병법》역시 "전쟁은 속임수兵者詭道也"라는 말로 시작한다. 적을 속이지 않고 소기의 전술적 효과를 얻어내기 어렵다. 노르망디 상륙작전에서도 알 수 있듯이, 거의 모든 작전의 성공 여부는 적을 속이느냐 그렇지 않느냐에 달려 있다고 해도 과언이 아니다. 사실 속이지 않더라도 적이 준비되지 않았을 때 공격하거나 혹은 예상과 달리 강력한 저항을 펼칠 때 상대는 놀랄 수밖에 없다. 연구에 따르면 적을 놀라게 할 경우 2000대 1의 수적 우위와 비슷한 승리 가능성이 확보된다고 한다. 잘못된 정보를 흘림으로써 적의 상황 판단에 혼동을 일으키는 것 또한 정신적 붕괴를 가져오는 중요한 요소다. 신체적으로 감당하기 어려운 화력이나 예상하지 못했던 갑작스러운 공격으로 야기되는 충격 역시 심각한 정신적 외상을 남기기 마련이다.

성공적 전술 위해 전략 이해 필요

이러한 물리적 압력과 정신적 효과가 궁극적으로 추구하는 것은 적의 도덕적 응집력, 즉 '사기'를 꺾어놓는 일이다. 아무리 강력한 화력을 동원하여 깜짝 놀랄 기습을 감행해도 적이 끝까지 싸울 의지로 무장돼 있다면, 승리를 얻기는 매우 어렵다. 이는 전략적으로도 마찬가지다. 전쟁은 전투에서 이겼다고 끝나는 것이 아니다. 적국의 국민이 더 이상 싸울 의지가 없을 때 전쟁은 끝난다.

그렇다면 전투 의지, 즉 부대의 사기에 영향을 미치는 것은 무엇일까. 우선 지휘관이 미치는 영향은 아무리 강조해도 지나치지 않다. 《밴드 오브 브라더스》에서 알 수 있듯이 훌륭한 지휘관은 부대원을 영웅으로 만드는 힘을 갖고 있다. 병사들의 사기에 보급이 미치는 영향도 간과할 수 없다. 실전을 방불케 하는 강한 훈련 역시 전투단위의 신뢰와 전우애를 고양하는 데 도움이 된다. '올바른 전쟁right to war'과 '전쟁에서의 올바름right in war' 또한 중요하다. 전쟁범죄는 엄청난 전략적 약화를 가져오기 때문이다.

클라우제비츠가 언급했듯이 "전투는 피비린내 나는 해결책이지만, 그것의 효과는 병사보다 적의 사기를 꺾는 데 있다." 물리적·정신적 효과를 중시하는 것도 적의 전의를 분쇄한다는 도덕적 목표를 달성하기 위해서다. 그런 점에서 전술은 전략과 연계될 수밖에 없다. 전쟁의 목표를 달성하기 위해 전술적 승리도 중요하기 때문이다. 그런 점에서 전술단위의 초급 지휘관이라 해도 전략적 목표를 올바로 이해하고 있어야 임무를 제대로 수행할 수 있다. 현장에서 '임무형 지휘'가 강조되고 있지만, 막상 초급 지휘관에게 전략 수준의 정보나 이해를 기대하지는 않는다. 전략이 전쟁과 전술을 연결하는 다리로서 기능하고 있다면, 더욱 효과적인 전술 수행을 위해 전략에 대한 적절한 이해 역시 중요하다. 전략적 흐름 속에서 전술적 행위도 제대로 평가될 수 있기 때문이다. 펠로폰네소스 전쟁 초기 스파르타가 많은 전투에서 승리를 거두었음에도 결국 아테네에게 주도권을 빼앗긴 것은 전략과 무관한 전술적 승리를 추구했기 때문이다.

이 책은 현대의 명저로 간주되기는 어렵다. 비교적 최근에 출판되었고, 저자가 그리 저명한 학자도 아니다. 분량도 200쪽에 불과하다. 그럼에도 전술적 차원에서건 전략적 차원에서건 초급 지휘관에게 이토록 유용한 책을 발견하기는 어렵다. 저자의 투정처럼 미국에서조차 이런 논의가 빈곤했다. 빨리 번역되어 초급 지휘관의 배낭 한 구석을 차지할 수 있기를 기대한다.

무능이
무능을 낳는다

토머스 릭스 지음, 《장군들: 제2차 세계대전에서 현재까지 미국의 군사 지휘》.

Thomas Ricks, *The Generals: American Military Command from World War II to Today*, Penguin Press, 2012.

제2차 세계대전 이후 미군이 세계 최강의 군대임을 의심하는 이는 없을 것이다. 그러나 전쟁 하나하나를 검토하면 1991년 걸프전을 제외하고는 제대로 이긴 전쟁이 없다. 6·25전쟁에서는 공산 세력을 물리치기는 했지만, 제공권을 장악한 상황에서도 북한군과 중공군에게 두 번이나 밀렸다. 6·25전쟁이 잊힌 전쟁이 됐던 이유도 여기에 있다. 베트남 전쟁은 두말할 나위가 없다. 사실상 남베트남에서 활동하던 비정규군인 베트콩과의 전쟁에서 2차 대전에 사용했던 포탄보다 더 많은 화력을 퍼부었음에도 미국은 사실상 패배했다. 5만 3000명의 미군이 목숨을 잃었다.

9·11 테러 이후 강행한 이라크와 아프가니스탄에서의 전쟁 역시 마찬가지다. 정규군은 멋지게 궤멸시켰지만, 이후 안정화 작전은 사실상 실패했다. 테러리스트의 분란전에 휘말려 미군의 허약한 실체를 여지없이 드러냈다. 베트남 전쟁 이후 30년의 절치부심에도 미군은 크게 달라지지 않았음이 여실히 드러났던 것이다.

이라크 전쟁에 대한 책을 저술한 토머스 릭스가 제기하는 문제의 본질도 바로 이것이다. 제2차 세계대전에서 나치 독일군과 일본군을 동시에 궤멸시킨 미군은 어디로 사라졌느냐는 것이다. 그는 그 책임을 장군들, 특히 전쟁을 지휘하는 최고사령관에게 묻는다.

570쪽이 넘는 이 책은 2차 대전의 총사령관이었던 마셜부터 이라크 전쟁을 마무리했던 데이비드 퍼트레이어스David Petraeus에 이르기까지 거의 30명의 장군을 다루고 있다. 마셜이나 아이젠하워를 비롯해서 1970년대 이후 미 육군 개혁을 이끌었던 윌리엄 데퓨이William DePuy와 같은 장군들은 높게 평가하지만, 미군을 베트남의 정글로 몰아넣었던 맥스웰 테일러나 윌리엄 웨스트모어랜드William Westmoreland 그리고 이라크 전쟁을 실패로 이끈 토미 프랭크Tommy Frank와 리카르도 산체스R. Sanchez에 대해서는 독설을 아끼지 않는다.

평범한 군인들의 군대

그가 전후 최고 지휘관을 분석하고 내린 결론은 몇몇 예외를 제외하고는 전반적으로 평범한 수준의 군인들이었다는 것이다. 그들은 자신들이 수행하는 전쟁을 이해하지 못했다. 그들은 적이 어떻게 싸우는지, 그런 적과는 어떻게 싸워야 하는지, 그런 전쟁을 어떻게 대비해야 하는지 제대로 파악하지도, 준비하지도 못했다. 6·25전쟁에서 비정규전의 위험을 체감했음에도 아무런 준비 없이 베트남 전쟁에 뛰어들었다가 수많은 미국 청년을 죽음에 이르게 했고 끝내 패망의 멍에를 뒤집어쓰게 했다. 릭스는 '준비하지 않음'이 거의 정책 수준에서 공유됐음을 신랄하게 비판한다.

그렇다면 이런 문제가 왜 발생하는가? 그는 인사제도의 변화에서 원인을 찾는다. 그는 자신이 이상적 장군으로 생각하는 마셜 미 육군 참모총장의 사례를 통해 이를 설명한다. 마셜은 1939년 참모총장이 되고 나서 참전 직전인 1941년까지 적어도 600명의 장교를 파면했다. 이것뿐만이 아니었다. 전쟁 중에도 155명의 사단장 가운데 16명을 교체했고, 적어도 다섯 명의 군단장을 해임했다. 임무를 제대로 수행하지 못할 경우 가차 없이 교체하는 것이 마셜의 인사 원칙이었다. 그는 무능한 장군을 교체할 뿐만 아니라 유능한 인재는 고속 승진시켰다. 1941년에 대령이었던 드와이트 아이젠하워는 그다음 해에 3성 장군으로 진급해 북아프리카 연합군을 지휘했다. 초고속 승진의 비결은 그의 탁월한 능력을 마셜이 알아본 덕분이었다. 테러블 테리Terrible Terry라 불릴 정도로 주변 사람들이 기피했던 테리 앨런Terry Allen을 엄청난 반대에도 불구하고 중용한 것도 그의 능력과 특성을 잘 파악했기 때문이다.

참모총장의 역할

마셜은 참모총장으로서 자신의 역할은 주어진 직무를 잘 수행할 올바른 사람right man을 찾는 것이라고 생각했다. 이를 위해 일의 성격과 내용을 정확하게 파악하려고 노력했고, 또 각각의 일에 맞는 사람을 찾기 위해 많은 노력을 기울였다.

마셜의 인사 정책에서 한 가지 특이한 것은 교체된 이들을 버리지 않는다는 것이다. 교체된 장교 가운데서도 많은 이들에게 또 다른 기회를 부여했다. 그는 지휘관 교체를 불명예스러운 것으로 보지 않았다.

저자는 마셜의 이러한 인사 원칙이 미군을 유능한 군대로 만들었다고 본다. 그러나 어느덧 그러한 책임과 능력에 기반한 인사가 사라지고, 이제는 평범한 군인들의 군대가 됐다는 것이 저자의 판단이다. 웬만하면 처벌받는 일도 없다. "요즘은 소총을 잃어버린 병사가 전쟁에서 패배한 장군보다 더 큰 처벌을 받는다"는 얘기가 있을 정도라고 비아냥댄다. 처벌이 없는 것과 마찬가지로 진급도 하염없이 지체되고 있다. 아무리 대단한 전공이 있다 해도 아이젠하워식의 초고속 승진은 불가능하다. 저자의 표현대로 빙하가 녹는 속도로 승진한다. 그러다 사소한 실수라도 저지르면 승진에서 밀리기 일쑤다. 그것이 B 마이너스나 C 플러스가 위험을 감수하는 A 능력자보다 더 낫다는 인식이 퍼지는 이유라고 설명한다.

릭스의 문제의식은 결국 미군의 무력함은 잘못된 인사 정책에 있다는 것이다. 책임과 능력에 따라 보상하고 처벌하는 시스템이 작동하지 않았기 때문이다. 관료화된 승진체계로는 유능한 군대를 만들 수 없다. '좋은 사람'이나 '훌륭한 미국인'이 능력이나 책임감보다 중시되는 시스템에서는 전쟁에 이기는 군대를 만드는 것이 불가능한 일이라 질책한다.

무능이 무능을 낳는다

또 다른 문제는 현 상황에서 장군에게 필요한 자질이 무엇인가 하는 점이다. 그런 자질의 인물을 승진시키는 것이 올바른 인사의 핵심이기 때문이다. 그는 마셜의 생각을 빌려, '적응력이 뛰어나고 유연한' 군 지도자가 필요하다고 강조한다. 물론 그들이 열정적이고 결단력이 있으며 동료와 협력할 줄 알고 믿음직한 인물이 되어야 함은 말할 것도 없다. 그러나 핵심적 자질은 어떻게 변할지 모르는 상황에서 현실을 정확하게 파악하고, 익숙하지 않은 새로운 환경에 빠르게 적응하는 능력이다. 프리드먼이《전쟁의 미래》에서 지적했듯이, 지금까지 제대로 예측된 전쟁이 없었고 미래의 전쟁도 어떻게 전개될지 알 수 없다. 중요한 것은 새로운 상황을 정확하게 파악하고 빠르게 적응하는 능력이다. 저자는 이런 능력을 키워주는 장군 교육이 중요하다는 점도 빼놓지 않는다.

저자의 결론은 인사정책에 대한 근본적인 반성이 필요하다는 것이다. 평범한 군인들의 군대가 돼버린 미군을 근본적으로 바꾸기 위해서는 인사정책과 문화가 변해야 한다. 무능한 장교의 가장 나쁜 버릇은 자기와 비슷하거나 그 이하의 사람을 승진시키는 것이다. 결국 군대를 유능한 조직으로 만들기 위해서는 유능한 이들을 적극적으로 승진시키고, 무능하고 평범한 이들은 그에 걸맞은 대우를 해주는 인사 시스템을 구축하는 것이다. 인사가 만사인 셈이다.

지휘관에게 중요한 단 하나의 전투

짐 매티스 외 지음, 《콜 사인 카오스: 지휘하기 위해 공부하라》.
Jim Mattis & Bing West, *Call Sign Chaos: Learning to Lead*, Random House, 2019.

미국 국방장관을 역임한 제임스 매티스는 아마도 미국 군인들이 생존 군인 가운데 가장 존경하는 인물이 아닐까 한다. '반군을 때려잡는 것은 신나는 일'이라는 말로 '매드 매티스Mad Mattis'라 불리지만, 그의 면모를 좀 더 잘 보여주는 별명은 '몽크 워리어Monk Warrior', 즉 '수도승 전사'다. 그리고 그의 호출 신호는 '카오스'다. 베트남 전쟁에서부터 걸프전, 아프가니스탄 전쟁, 그리고 이라크 전쟁에 이르기까지 거의 40년 동안 매티스가 감당해야 했던 전투와 부대 지휘 경험은 아무나 가능한 것이 아니다. 그 속에서 빚어낸 보석 같은 지혜와 경구들은 이 책을 직접 읽지 않는 이상 쉽게 전달하기 어렵다. 그럼에도 이를 부분적으로나마 공유할 필요는 분명히 있을 것이다.

《명상록》을 가지고 다닌 군인

그가 수도승 전사라는 별명을 갖게 된 것은 결혼도 하지 않고 40년간 오로지 미 해병에서 복무했기 때문이다. 1970년대 초 베트남에서부터 2000년대 아프가니스탄에 이르기까지 참전하지 않은 전쟁이 없을 정도로 그는 모든 전선을 누볐다. 게다는 그는 철저한 지성주의 장교였다. 이 책의 부제처럼 그는 늘 '지휘하기 위해서는 공부해야 한다'고 강조했다. 군사 서적만 읽은 것은 아니다. 그의 배낭에는 늘 마르쿠스 아우렐리우스의《명상록》이 들어 있었다. 감정에 휘둘리지 않고 침착하게 판단하도록 도와주는 책으로는 그만한 것이 없었기 때문이다. 인간과 부하에 대한 사랑은 넘쳐나지만 상황 판단과 결단에 있어서는 한 치의 감정적 흔들림도 없었다는 점에서 '수도승 전사'라는 별명이 결코 과장된 것이 아니었다.

이 책에서 가장 눈에 들어오는 부분은 매티스가 자신의 일이 무엇인지, 그 일을 제대로 해내기 위해서는 어떻게 해야 하는지를 정확하게 알고 있었다는 점이다. 좀 더 정확히 말한다면, 그렇게 알기 위해 부단히 공부했다는 것이다. 그의 책을 처음부터 끝까지 관통하는 것은 끝없이 고민하고 공부하는 전문가로서의 자기 인식이다.

직접적·집행적·전략적 리더십

이 책은 크게 세 부분으로 나뉘어 있다. 1부 직접적 리더십은 베트남전에 참전했던 초급장교 시절부터 아프가니스탄에 투입됐던 '기동타격대 58'까지의 경험과 교훈을 다루고 있다. 1부에서 그는 선배 장교들이나 역전의 용사인 부사관들로부터 많은 것을 배웠다고 고백한다. 그리고 병사들과 함께 전선을 누벼야 할 장교들은 친형제보다 그들을 더 잘 알아야 한다고 말한다.

2부 집행적 리더십은 미 해병 제1사단을 이끌고 이라크 전쟁에 참전했을 때와 이후 나토NATO군의 지휘를 맡았던 시기에 대한 이야기다. 수천 명의 병력을 운용해야 하는 지휘관이 모든 병사의 이름을 기억할 수는 없다. 이런 상황에서 어떻게 부대를 지휘하고 과업을 수행해야 하는지에 대한 고민이 담겨 있다.

마지막 3부 전략적 리더십은 2010년 오마바 행정부 시절 미국 중부군사령관CENTCOM을 맡았던 시기를 다룬다. 최고 지휘관은 전략적 차원에서 국가 이익을 고려해야 할 뿐만 아니라 전쟁의 불투명한 현실과 정치 지도자들의 인간적 욕망까지 절충해야 한다. 그곳은 복잡성이 지배하는 공간이며 경솔한 결정이 얼마나 심각한 결과를 가져오는지를 보여주는 장소다.

장교의 '3C', 탁월함·돌봄·확신

그는 장교의 기본인 '3C'를 강조한다. 3C란 지휘관으로서의 탁월함Competence, 부하 돌봄Caring, 그리고 상관에 대한 확신Conviction이다.

우선 탁월함은 군인으로서, 지휘관으로서 기본에 충실하고 열심히 공부해야 갖출 수 있다. 예컨대 화력과 기동, 즉 블록과 태클block & tackle이 전투를 결정짓는다면, 이를 어떻게 구현할지 알아야 한다. 머리로만 되는 일이 아니다. 몸으로 부딪쳐야 하는 일이다. 또한 매티스는 부하를 제대로 돌보지 않는 자는 지휘관으로서 자격이 없다고 생각한다. 그런 상관을 부하는 따르지 않기 때문이다. 더욱 중요한 것은 지휘관이 자신들과 함께한다는 확신을 부하에게 심어주는 것이라고 그는 말한다. "장교로서 반드시 이겨야 하는 단 하나의 전투가 있다면, 그것은 바로 부대원의 마음을 얻는 전투다. 그들의 마음을 얻으면 그들은 전투에서 이길 것이다." 군대라는 특성을 감안해 지휘관이 어떤 자질을 갖춰야 하는지 정확하게 표현하고 있다. 진정한 프로페셔널의 모습이다.

전투에서 사상자가 발생하지 않을 수는 없다. 그래도 희생을 최소화하는 것이 상급 지휘관의 역할이다. 그렇기 때문에 어떤 상황에서도 싸워 이길 수 있는 부대를 만드는 것이 중요하다. 대부대 지휘관이 가장 우선해야 할 일은 분명한 비전과 의도를 가지는 것이다. 그리고 말단 병사들에게까지 이를 전달해야 한다. 매티스는 비전은 중앙에서 결정해야 하지만, 구체적인 계획과 실행은 부하에게 맡겨야 한다고 말한다. 과감하게 권한을 위임하라는 것이다. 이때 부하들이 잘할 것이라는 믿음이 있어야 한다. 이런 믿음을 위해서는 부하들의 임무 수행 능력을 교육훈련을 통해 갈고닦아야 한다.

야전백을 직접 메고 다닌 장군

매티스는 지휘 감독보다 일선 장병들과 만나는 시간을 중시했다. 그는 늘 전투 현장에서 병사들을 격려하고 어떻게 싸워야 하는지를 간단명료하게 전달하는 일에 주력했다. 미 해병 1사단이 이라크 전쟁에 투입될 때, 그는 부하 병사들에게 딱 두 가지만 주문했다. 하나는 "중단하지 말고 늦추지 마라. 무조건 전진하라"는 것이었고, 다른 하나는 "명예를 지키라"는 것이었다.

그는 전쟁에서의 승리는 속도에 의해 결정된다고 봤다. 작전과 기동의 속도는 정보 전달과 의사결정의 속도에 의해 견인된다. 그는 "전쟁은 모두 조달과 템포에 관한 것이다. 군수는 작전에서 가장 큰 장애이며, 이를 책임지는 것은 보급 담당자가 아니라 지휘관"이라고 생각했다.

그래서 매티스의 전장에서는 장군부터 말단 병사까지 모두가 자신의 짐을 야전백에 넣어 직접 메고 다녔다. 또한 밤이 되면 계급과 무관하게 각자가 자신의 침낭을 직접 폈다. 어느 누구도 예외 없이 보병 병사들 수준의 보급으로 전쟁을 수행했다. 이런 지휘관을 어떤 병사가 존경하지 않겠는가?

이 책은 아직 번역본이 나오지 않았다. 그럼에도 지휘관으로서 자신이 어떤 사람이 돼야 할지, 어떤 능력과 자질을 갖춰야 할지, 그리고 국가 안위를 책임질 사람으로서 민군관계를 어떻게 풀어야 할지 고민하는 이라면 아마존 킨들을 찾는 수고가 아깝지 않을 것이다.

PART

5

미래의 전쟁, 전쟁의 미래

*

저자들은 미래전의 특성을 '불확실성'에서 찾는다. 전쟁의 역사가 말해 주듯이 그 어떤 전쟁도 어떻게 전개될지 제대로 예측되지 못했다. 단 하나 확실한 것은 사람들의 마음과 동기를 이해해야 승리할 수 있다는 것이다.

전쟁을
예측하는 법

로런스 프리드먼 지음, 《전쟁의 미래》, 조행복 옮김, 비즈니스북스, 2020년.

Lawrence Freedman, *The Future of War: A History*, Public Affairs, 2017.

많은 전문가가 미래의 전쟁을 예측한다. 그렇다면 이러한 예측이 타당한지는 어떻게 알 수 있을까? 전쟁사와 군사전략에서 최고의 전문가로 손꼽히는 로런스 프리드먼이 《전쟁의 미래》에서 다루는 주제다. 런던 킹스칼리지의 전쟁학 석좌교수인 저자는 이 책을 통해 인류가 지금까지 어떻게 미래의 전쟁을 예측해왔으며, 왜 그렇게 예측했는지를 묻고 있다.

미래는 미스터리다. 미래를 예측하는 일은 아무리 과학적이라 해도 점치는 일과 큰 차이가 없다. 변수를 통제할 수 없고, 새로운 변수 간의 상호작용이 어떤 결과를 가져올지도 파악하기 어렵다. 모든 결정과 선택은 '의도하지 않은 결과'에서 자유로울 수 없다.

그렇다면 어떻게 예측할 것인가? 저자는 미래의 전쟁을 예측하지 않는다. 저자가 이 책에서 다루는 것은 지난 150년간 전문가나 작가들이 '어떻게 미래의 전쟁을 예측해왔는지'를 살펴보는 것이다. 한마디로 예측의 역사를 다룬다. 이 책의 부제가 '역사'인 이유도 여기에 있다.

빗나간 예측의 역사

저자의 결론은 분명하다. 제대로 예측한 경우가 거의 없다는 것이다. 1914년 4월 제1차 세계대전을 시작할 때 대부분의 나라는 크리스마스 전에 전쟁이 끝날 것으로 예측했다. 기관총과 야포의 발달이 상대의 저항을 빠르게 무력화시켜 속전속결로 전쟁이 끝날 것으로 낙관했다. 그러나 결과는 대서양 연안에서 알프스에 이르는 거대한 참호전으로 귀착됐다. 4년 동안 계속된 전쟁에서 2300만 명의 젊은이가 목숨을 잃었다.

제2차 세계대전도 마찬가지였다. 유럽의 나라들은 미래의 전쟁이었던 2차 대전도 1차 대전과 비슷할 것으로 예측했다. 그러나 참호전도 화학탄도 나타나지 않았다. 프랑스의 마지노 방어선은 역사상 가장 아둔한 방어책이란 오명을 얻었다. 독일은 기계화 부대를 중심으로 전격전을 전개했지만, 초반의 빛나는 성공에도 불구하고 결국 패망했다. 적의 주력만 분쇄하면 승리를 보장받을 수 있을 거라는 기대는 오판이었다. 정복한 영토가 늘어날수록 레지스탕스와 빨치산의 저항은 더욱 격렬해졌다. 일본도 똑같은 오판을 했다. 진주만 기습으로 미 해군의 주력 함대를 파괴하면 태평양의 제해권을 장악할 수 있다고 생각했던 것이다.

미국이라고 예외가 아니다. 우선 6·25전쟁에서 중국의 개입을 전혀 예측하지 못했다. 베트남에서도 압도적인 전력의 우위에도 불구하고 패배의 쓴잔을 마셔야 했다. 2000년대 이라크와 아프가니스탄 전쟁에서 미국은 자신들이 어떤 전쟁을 치르고 있는지도 이해하지 못했다.

그렇다면 최근의 미래 전쟁 예측은 제대로 이루어지고 있을까? 1980년대 미국의 가상 적은 일본이었다. 폴 케네디Paul Kennedy의 《강대국의 흥망The Rise and Fall of Great Powers》(1988), 조지 프리드먼George Friedman과 메러디스 르바르드Meredith Lebard의 《전쟁의 미래The Future of War》(1988)와 《다가오는 일본과의 전쟁The Coming War with Japan》(1991)은 일본의 위협을 우려했다. 이러한 분위기에 소설가들도 동참했다. 유명한 추리 작가 톰 클랜시Tom Clancy의 《적과 동지Debt of Honor》(1994)가 대표적이다. 그러다 1990년대 이후 일본 위협론은 사라졌다. 그 자리를 차지하고 들어온 것이 중국이다.

미래 담론의 역사에서 저자가 하려는 주장은 '예측이 어렵다'는 것이다. 미래는 '미리 점지된 것이 아니기' 때문이다. 저자는 "역사는 나중에 뭐가 일어날지 모르는 이들이 만들어간다History is made by people who do not know what is going to happen next"라고 말한다. 저자가 체계적으로 분석한 것처럼 지금까지 미래의 전쟁에 대한 담론이 타당하지 않았다면, 오늘날 제기되고 있는 미래 전쟁에 대한 예측 역시 타당성을 주장하기 어렵다.

예측이 틀리는 세 가지 이유

그렇다면 왜 이런 일이 발생할까? 지난 150년간 미래의 전쟁에 대한 담론이 맞지 않은 이유는 무엇일까? 저자는 크게 세 가지 이유를 제시한다. 하나는 뭔가 '한 방'에 끝낼 수 있다는 환상이다. 화학무기든 핵무기든 뭔가 대단한 무기를 가지고 있다면, 이걸로 한 방에 전쟁을 끝낼 수 있다는 생각이 지배해왔다는 지적이다. 그러나 인류의 전쟁사는 아무리 첨단 무기라 해도 그렇게 결정적인 한 방이 되지 못했다는 것을 늘 증명해왔다. 상대의 저항력을 과소평가했다는 점도 마찬가지다. AK 소총으로도 미군의 최첨단 무기와 대적할 수 있다는 것을 아프가니스탄 반군이 보여주었다. 미국이나 소련이 베트남이나 체첸에서 실패한 이유도 여기에 있다. H.R. 맥매스터는 여기에 '뱀파이어의 오류vampire fallacy'라는 이름을 붙였다. 죽지 않고 계속 등장한다는 의미다.

다른 하나는 '이전 전쟁의 교훈에 집착하는 것'이다. 2차 대전 이전에 유럽은 미래의 전쟁을 1차 대전의 연장으로 생각했다. 자신들이 싸워왔던 방식으로 미래 전쟁을 예측한 것이다. 히틀러가 집권했을 때 유럽은 화학무기를 잔뜩 실은 독일의 비행기를 가장 우려했다. 그만큼 1차 대전에서 경험했던 화학탄의 공포가 컸던 것이다.

마지막은 '미래의 전쟁은 뭔가 이전과 다른 새로운 양상을 띠게 될 것'이라는 예측이다. 이러한 변화를 설명하는 논거는 늘 새로운 첨단 무기였다. 첨단 무기에 대한 논의가 늘 미래 전쟁의 담론을 주도해왔지만, 새로운 무기가 전쟁의 미래를 결정하지 않았다는 것을 전쟁의 역사가 보여준다. 히틀러가 마지막까지 집착했던 것이 로켓탄과 핵무기였다. 그러나 당시 그 무기가 개발됐다고 해도 서방이 항복했을 거라고 상상하기는 어렵다.

예측은 공상에 불과하다

그럼 지금 우리의 예측은 얼마나 타당할지 궁금할 수밖에 없다. 전문가든 소설가든 나름대로 객관적인 이유를 대면서 미래의 전쟁을 예측하고 있지만, 예측의 역사는 대단히 냉소적임을 잘 알 수 있다. 범박하게 말하면, '예측은 공상에 불과하다'.

그럼에도 저자는 미래에 대한 예측이 완전히 틀린 것은 아니라는 점을 언급한다. 예컨대 클랜시는 앞의 책에서 비행기를 이용한 테러를 예견했다. 문제는 올바른 판단이 우선순위를 차지하지 못했다는 점이다. 2차 대전 전에 리들 하트Basil Henry Liddell Hart와 같은 이들은 '기계화전'을 예측했지만 이를 전략화한 것은 독일이었다. 영국과 프랑스는 전차를, 참호를 돌파할 보조전력으로 인식했기 때문에 독일의 전격전에 허무하게 무너졌다.

또한 저자는 전쟁에 대한 복합적 이해를 강조한다. '우연'의 요소도 중요하다. 사소한 불화와 대립이 역사의 생채기와 결부될 때 쉽게 전쟁이 일어난다는 것이다. 속전속결로 끝낼 수 있다는 착각도 마찬가지다. 그렇다고 모든 불안 요인들이 한꺼번에 터져 나올 것이라는 생각은 과도한 우려라는 지적이다. 그렇게 모든 안보 위협을 대비할 수는 없기 때문이다. 사실 그렇게 예측하는 것 자체가 잘못된 생각이라는 것이다. 그렇기 때문에 그는 미래의 전쟁을 예측하지 않는다. 미래 담론은 진지하게 고려될 필요가 있지만, 보다 비판적으로 바라봐야 한다는 것이다. 시원한 결론은 아니지만 비판적 성찰의 중요성을 다시금 일깨워주고 있다.

미래 전쟁의 패러다임

피터 싱어 지음, 《하이테크 전쟁: 로봇 혁명과 21세기 전투》, 권영근 옮김, 지안, 2011년.

Peter W. Singer, *Wired on War: The Robotics Revolution and Conflict in the 21st Century*, Penguin Press, 2009.

드론과 로봇이 전장을 지배하는 시대가 펼쳐지고 있다. 로봇이 인간을 대신해서 전투를 벌이는 시대가 올까? 많은 전문가가 그렇게 예측했지만 대부분의 사람들은 영화 〈터미네이터〉(1984)나 〈아이 로봇〉(2004)의 이야기처럼 이를 미래의 일로 받아들인다. 그런데 그 먼 미래의 일로 생각했던 일이 지금 우리 앞에 펼쳐지고 있다면 어떨까?

피터 싱어는 21세기 전투는 로봇들의 싸움이 될 것이라고 예측한다. 엄밀히 말해 이미 21세기 전투가 시작됐다고 설명한다. 미국 네

바다주 공군 기지에서 원격조종하는 무인 항공기인 프레데터Predator는 3000킬로미터 밖의 자동차 번호판까지 읽을 수 있는 고해상도의 카메라를 달고 지상을 정찰한다. 그리고 탈레반이나 이라크 반군을 발견하면 지상군에 연락하거나 자신의 유도미사일로 직접 공격한다. 아프가니스탄이나 이라크에서 벌어지는 일반적인 전투 양상이다.

지상에서도 마찬가지다. 이라크 작전에서 미군을 가장 괴롭힌 것은 반군이 설치한 급조폭발물IED들이었다. 매달 2000~3000건씩 노상 폭발물을 제거해야 하는 상황에서 가장 중요한 역할을 담당하는 것이 팩봇PackBot이나 탤론Talon 같은 폭발물 탐지 및 제거 로봇이다. 여기서 그치는 것이 아니다. 무기 관찰, 정찰과 탐지에다 능동적 공격까지 가능한 로봇 전사 소즈SWORDS가 개발돼, 실전 배치되었다. 조종에 다소 어려움이 있긴 하지만 M16 소총과 대전차 로켓까지 장착 가능한 전투력을 자랑한다. 게다가 300미터 떨어져 있는 사람의 명찰까지 확인할 수 있는 정교함에 일발필살의 기계적 정확도가 결합함으로써 이름 그대로 한칼에 적을 쓸어버리는 전술무기로 인정받고 있다. 해군도 예외가 아니다. 소형 무인 잠수함과 무인 헬기를 동원하는 교리를 개발 중이다.

무인 시스템의 윤리

이러한 경향을 반영하듯 2007년 미 의회는 "새로운 시스템을 염두에 둔 획득 프로그램의 경우 3군이 합동으로 사용할 수 있는 형태의 무인 시스템을 우선시할 것과 유인 시스템을 개발할 경우 무인 시스템이 해당 프로그램을 충족할 수 없음을 보여주는 증거를 제시할 것"을 펜타곤에 요구할 정도였다. 미국이 무인 시스템에 이렇게 열광하는 이유는 미군 사상자로 인한 정치적 부담을 최소화할 수 있기 때문이다. 그러나 보다 근본적인 이유는 경제적 효용과 전술적 효과가 크기 때문이다. 미군 1인당 연간 유지비용은 100만 달러에 달하지만 팩봇 한 대의 유지비용은 고작 15만 달러다. 게다가 감정이 없는 로봇이 전장에서 보여줄 용맹함을 고려한다면 이점은 더욱 크다.

그러나 저자는 이러한 점이 오히려 전쟁을 너무 쉬운 것으로 만들지 않을까 우려한다. 정치적 책임과 경제적 비용이 줄어드는 만큼 전쟁을 정책적 수단으로 활용하려는 유혹이 더욱 커지기 때문이다. 목숨을 건 전쟁이 아니기 때문에 군인에 대한 인식 또한 달라질 수밖에 없다. 네트워크로 연결된 지휘 방식 또한 매우 달라질 것이다. 즉 전쟁하는 방식과 전쟁을 인식하는 방식이 이전과 전혀 다른 모습을 띠게 되리라는 것이 저자의 통찰이다. 더욱 심각한 것은 로보캅이나 아이언맨처럼 인간과 로봇(인공지능)이 생체적으로 결합하면서 지금의 인류와 질적으로 다른 종류의 인류로 '진화'할 가능성이다. 새로운 인류로의 진화를 의미하는 특이점의 시기가 우리의 예상보다 훨씬 빨리 도래할 수 있다는 주장이다. 얼마 전에 서점가를 휩쓸었던 《사피엔스》(2015)의 저자 유발 하라리가 50년 안에 죽음을 염려하는 호모 사피엔스는 사라질 것이라고 예측한 것과 같은 맥락이다.

전력화의 필요성

그렇다면 우리 군은 이러한 변화에 어떻게 대응해야 하는 것일까? 21세기 로봇 혁명이 우리 국방에 의미하는 바는 무엇일까?

무엇보다 무인 시스템의 중요성을 다시 한 번 인식하고 국방의 핵심 전력으로 개발·배치하는 것이 필요하지 않을까 한다. 사이보그가 일반화될 50년 이후를 걱정하는 것이 아니라, 지금 당장 전력화의 고민이 필요하다. 우리 군은 초보 단계이지만 '송골매'나 '리모아이'와 같은 무인 정찰기를 운용하고 있고, 최근 휴전선에 인공지능 기반의 경계 시스템 'SGR-A1'을 배치했다. 그러나 한국이 보유하고 있는 IT 역량과 로봇 기술(재난로봇대회 1등), 그리고 게임 강국의 위상을 감안하면 더욱 적극적인 전력화가 필요하지 않을까 생각한다. 게다가 얼마나 경제적인가? 5세대 전투기인 F-35A 한 대를 구입할 돈이면 프레데터를 25대나 구매할 수 있으니 말이다.

둘째는 무인전력을 기반으로 미래지향적 군사교리를 고민하는 일이다. 지금까지 우리의 군사교리는 미국 것을 추종·모방하느라 한국의 전략적 이해와 전술 환경을 고려하지 못하고 있다는 비판이 적지 않았다. 저자가 강조하고 있듯이, 올바른 교리 개발은 아무리 강조해도 지나치지 않다. 새로운 테크놀로지에 기반한 무기 체계가 도입

된다고 해도 이를 전술적으로 운용할 수 있는 군사교리가 마련되지 않고 적절한 훈련이 이뤄지지 않는다면 전력화 효과는 미미할 수밖에 없다.

셋째, 무인 시스템에 기반한 군사전략을 수립할 경우 장기적으로는 병역 체계의 변화도 기대할 수 있다. 무인 시스템에서는 근육질의 젊은 남성이 훌륭한 군인의 기준이 되지 못한다. 게임에 빠진 10대가 무인기 조종에 탁월할 수 있고, 여성의 섬세함과 장년의 지혜가 기여할 분야도 더욱 확대될 것이다. 병력 소요도 크게 줄어들 것이기 때문에 근본적인 차원에서 병력동원 체계의 변화를 추구할 수 있다. 국민의무병제의 헌법적 의미를 살리면서 정예군 양성이 가능한 병역 체계의 근본적 변화를 시도해볼 수 있을 것이다.

600쪽이 넘는 꽤 묵직한 책이지만 술술 읽힌다. 역자의 탁월한 번역 덕분이겠지만 현장감 넘치는 인터뷰와 SF 영화로 엮은 스토리텔링의 매력 덕분이기도 하다. 그렇다고 다루는 내용이 가볍지는 않다. 새로운 인류의 탄생과 같은 인류의 존재론적 문제에 대한 논의는 이 책의 깊이를 더해준다. 시간이 없다면 차세대 전쟁 양상을 보여주는 5장과 6장, 그리고 올바른 군사교리의 중요성을 다룬 10장('위대한 세브로우스키?')과 11장이라도 꼭 읽어보기 바란다.

혁신의
필요조건

맥그리거 녹스 외 지음, 《강대국의 선택, 군 혁명과 군사혁신의 다이내믹스》, 김칠주·배달형 옮김, 한국국방연구원, 2014년.

MacGregor Knox and Williamson Murray, *The Dynamics of Military Revolution, 1300~2050*, Cambridge University Press, 2001.

군사혁명military revolution이란 용어가 학계에서 본격적으로 사용되기 시작한 것은 1950년대였지만, 군사혁신Revolution in Military Affairs, RMA이란 이름으로 국방 관계자들 사이에서 논의되기 시작한 것은 1990년대다. 1993년 미 국방부 총괄평가국ONA의 앤드루 마셜Andrew Marshall 국장이 미 의회 청문회에서 RMA를 언급하면서부터다.

이 책의 저자들은 군사혁신에 대한 논의가 크게 늘었음에도 역사적 맥락에서 군사혁신의 본질과 내용을 다루는 일에는 소홀했다고 지적한다. 역사상 주요 군사혁신의 사례를 분석하면서 성공과 실패의 원인을 밝히고, 미래를 위한 함의를 발견하는 것이 이 책의 목표다.

군사혁명 vs. 군사혁신

우선 저자들은 군사혁명과 군사혁신을 구분한다. 군사혁명은 말 그대로 혁명적 변화를 가져온 사건을 말한다. 이런 사건은 정치와 사회에도 체계적인 변화를 가져왔다. 대표적인 사례인 구스타프 아돌프Gustav Adolf 왕 주도의 군사혁명은 근대적 국가 체제의 탄생과 직결돼 있다. 그전만 하더라도 군대는 거대한 도적 떼에 불과했다. 그런 군대가 제복을 갖춰 입고 지휘관의 명령에 따라 일사불란하게 움직이는 전쟁기계로 거듭나기 시작한 것이다.

1789년 프랑스 혁명과 이어진 나폴레옹 전쟁은 국민개병제와 민족주의 열정이 결합하면서 수십만이 동원되는 대규모 살육전으로 변했다. 무기 혁신과 함께 나폴레옹에 의한 전술의 혁신도 중요한 요인이었다.

19세기의 산업혁명은 전쟁의 산업화를 가져왔다. 기관총과 대포 같은 대규모 살상 무기들이 개발됐고, 철도와 전보가 병력의 이동과 군사 통신에 사용됐다. 제1차 세계대전에는 그때까지 전개된 혁명적 성취가 결합되었다. 말 그대로 '거대한 전쟁Great War'으로서 현대전의 모든 전술과 무기 체계가 선을 보였던 것이다.

이처럼 군사혁명은 근대국가의 탄생이나 산업혁명 같은 혁명적 변화와 함께 일어났다. 사회와 국가의 성격이 질적으로 변하고, 전쟁에 대한 인식과 전쟁 수행 방법이 근본적으로 달라졌다. 그렇다고 군사혁명이 군사혁신과 무관한 것은 아니다. 오히려 크고 작은 군사혁신의 상호작용으로 혁명적 변화가 일어난다. 하지만 언제, 어떻게 상호작용이 전개될지는 예측할 수도, 통제할 수도 없다.

군사혁명에 비해 군사혁신은 사실 그리 혁명적이지 않다는 점에 주목해야 한다. 화승총에서 소총으로 발전하듯이 '점진적이고 개량적'이다. 조금씩 성능을 개량하고 약점을 보완함으로써 보다 훌륭한 무기로 발전하는 것이다. 전술적 차원에서도 마찬가지다. 하루아침에 완전히 다른 전술이 나오는 것이 아니다.

이 때문에 군사혁신은 일련의 혁신 과정으로 보는 것이 적절하다. 이 과정에서 군대는 교리·전술·절차·기술의 변화를 수반하는 새로운 개념을 개발하게 된다. 일부에서 생각하는 것처럼 기술력이 결정적인 것도 아니다. 제2차 세계대전에서 독일의 전격전이 좋은 사례다. 독일은 전차 제작 기술에서는 프랑스에 뒤졌지만 탁월한 작전술로 프랑스를 항복시켰다. 기술력이 없다면 불가능하지만 기술력만 있다고 가능한 일도 아니다. 기술력만 본다면 어디에서든 미국의 일방적 승리를 예상할 수 있다. 그러나 현실은 그렇지 않다는 걸 우리는 잘 알고 있다.

미국의 군사혁신

1991년 걸프전 승리는 베트남 전쟁 이후 미국의 군사혁신이 성공적으로 진행됐음을 방증한다. 그러나 이러한 성공은 미국의 기술력 때문이 아니라 '개념과 교리'의 승리였다는 것이 저자의 주장이다. 베트남에서의 실패는 전쟁에 대해 새롭게 고민할 성찰의 기회를 미국에 제공했다. 그 결과 '탑건top gun'이나 '레드 플래그red flag'와 같은 제도를 통해 교육훈련을 크게 개선했다. 1980년대 중반에는 교리의 교범화 작업도 뒤따랐다. 대표적인 것이 '공지전air-land battle' 개념이다. 상황에 따라 조정할 수 있는 완전히 새로운 교리의 틀이 마련된 것이다. 이런 맥락에서 걸프전의 승리는 1980년대 군사혁신의 결과였던 셈이다.

문제는 걸프전 승리가 역설적인 결과를 가져왔다는 것이다. 완벽한 승리는 더 이상의 혁신과 고민을 불필요한 것으로 만들어버렸다. 일부에서는 이러한 승리를 미국의 압도적인 기술적 우위의 결과로 판단했다. 기술력의 초우위를 유지하는 이상 미국의 패권은 위협받지 않을 것이라는 생각이 팽배해졌다.

그 결과 과거와 현재의 군사적 사건으로부터 뭔가 배우려는 진지한 시도가 사라졌다는 것이 저자의 우려다. 공식적으로는 미군이 혁신적 역량과 개념을 개발할 것이라고 하지만 믿을 수 없다는 입장이다. 핵무기 한 방이면 전쟁을 끝낼 수 있다는 관료-기술적 세계관이 다시 국방 커뮤니티를 지배하고 있다고 본다. 미래 전쟁을 위한 지적인 개념적 준비를 홀대하는 반면, 고가의 첨단 무기 구입에만 열을 올리는 분위기도 문제라는 것이다.

저자들이 보기에 미국은 여전히 근본적이고 통합된 국가 수준의 전략 개념을 갖고 있지 못하다. 이런 까닭에 미국의 군사혁신은 전략적 공백 속에서 이뤄지고 있다. 그래서 어떤 일관성도 찾아보기 어렵다고 지적한다. 현란한 머리글자로 장식된 무기 구입 프로그램은 넘쳐나지만, 어느 누구도 새로운 무기가 미국의 전략적 목표 달성에 어떤 연관성이 있는지를 통합적으로 설명하지 못한다.

전략 개념이 부재한 이유는 뭘까? 핑계 중 하나는 미국의 지위에 대한 명백한 도전이 존재하지 않는다는 점이다. 최근 중국의 부상이 거론되지만 군사적 수준에서 미국의 상대는 아니다. 미국이 제1, 2차 세계대전 사이에 그나마 군사혁신을 이룰 수 있었던 것은 잠재적 적이 존재했기 때문이다. 1930년대 미 해군과 해병대는 일본과의 전쟁을 염두에 두고 상륙작전 개념과 항공모함 전력화에 성공했다. 과거의 실패(갈리폴리 전투)에서 교훈을 얻고, 현실적 문제를 해결하는 과정(항공모함 구조 변경)에서 전력화에 성공한 것이다. 실전의 기회가 없다 해도 실험과 연구를 통해 충분히 군사혁신을 이룰 수 있음을 보여준 사례다.

이에 비해 당시 영국 공군과 미국 공군은 구체적인 적을 상정하지 않았다. 게다가 아직 전력화되지 않은 기술을 기반으로 전력 구조와 교리의 개념을 구축했다. 경험적으로 확인된 표적 식별의 어려움을 무시했고, 전폭기의 생존 능력을 이해하기 어려울 정도로 높게 평가했다. 항공력의 필수조건인 제공권 개념도 희박했다. 그 결과 감당하기 힘든 손실을 감수해야 했다. 과거 역사와 현재의 경험적 사실을 무시하는 나쁜 성향 때문이라는 것이 저자들의 분석이다. 기술력 차이도 큰 문제가 되지 않았다. 중요한 것은 올바른 전략적 판단과 개념이 부재했다는 점이다.

군사혁신의 조건

성공적인 군사혁신을 위해서는 혁신가들을 추동하는 비전이 중요하다. 그들의 비전이 얼마나 현실적이고 문제 해결적인가가 관건이다. 가장 성공적인 조직은 성급히 미래로 넘어가지 않는다. 진정한 혁신은 과거 경험에 대한 철저한 분석, 개념적으로 치밀하고 정직하게 평가된 실험, 성공과 실패로부터 배우는 학습 능력에 의존한다. 독일군의 기계화 과정에서 알 수 있듯이, 결국 혁신은 즉각적으로 발생하는 이런저런 문제들을 점진적으로 해결하는 과정이다.

이를 위해서는 역시 군사 문화와 군사교육만큼 중요한 것이 없다. 독일군을 세계 최강의 군대로 만든 것은 유례가 없을 정도로 철저하게 진행된 장교교육이었다. 미 해군참모대학에서는 항공모함이 없던 시절에도 해상항공력의 가능성을 연구했다. 최고 수준의 장교들을 교관으로 파견해 장교단 교육을 얼마나 중시하고 있는지를 보여줬다. 1919년 이후 성공적으로 혁신한 군대는 예외 없이 가까운 과거의 군사적 사건을 철저하고도 현실적으로 검토했다. 과거에 대한 분석은 성공적 혁신의 기초다. 역사적 분석이 중요한 이유가 여기 있다.

이 책의 서론과 본론만 보더라도 군사혁신의 특징과 문제점에 대해 중요한 통찰을 얻을 수 있다. 그러나 중요한 것은 역사적 사례 분석이다. 다소 분량이 적은 것이 실망스럽지만 제한된 시간에 군사혁신의 주요 사례를 일별하기에는 더없이 좋다. 군사혁신을 고민하는 이라면 일독을 권한다.

마음과 동기가 중요한 이유

앤드루 매케이 외 지음, 《행태적 갈등: 사람과 동기를 이해하는 것이 왜 미래전에서 결정적인가》, 현대군사명저번역간행위원회 옮김, 국방부, 2021년.

Andrew MacKay & Steve Tatham, *Behavioural Conflict: Why Understanding People and Their Motives Will Prove Decisive in Future Conflict*, Military Studies, 2011.

2003년 이라크 전쟁에서 미국을 가장 당혹스럽게 했던 것은 무엇일까? 당시 미국은 독재에 시달린 이라크인들이 미군을 해방군으로 맞이할 것으로 기대했다. 그러나 현실은 정반대였다. 그들은 점령군으로 간주되었고 도처에서 무장 반란이 일어났다. 왜 그랬을까?

대상을 달리해서 '한반도에서 전쟁이 나면 북한 주민은 누구를 지지할 것인가'를 질문해보자. 세습 독재 체제를 거부하고, 풍요롭고 자유로운 대한민국을 지지할까. 명확히 대답할 수는 없다. 자신들의 땅으로 밀고 들어오는 군대를 해방군으로 여길지, 아니면 점령군으로 간주할지는 북한 주민들의 인식에 달려 있기 때문이다.

이 책의 저자들은 이라크와 아프가니스탄을 비롯한 많은 분쟁 지역에서 민정 임무를 담당했던 베테랑들이다. 그들은 경험을 바탕으로 왜 연합군이 이들 지역에서 실패하고 있는지를 연구했다. 그들의 결론은 현지 주민들의 마음을 얻지 못했다는 것이다. 주민들의 삶과 그들의 동기를 이해하지 못하고 서구의 관점에서 그들을 바라보았기 때문에 실패했다는 것이다.

문화적 차이에 둔감

가장 일반적 오류는 행위에 대한 합리성의 기준이다. 연합군은 자신들의 관점에서 합리성을 판단했다. 동료들을 구하기 위해 수류탄에 몸을 던지는 미군 병사는 영웅으로 존경받지만, 종족의 명예를 위해 자살 테러를 감행한 알카에다 전사는 테러리스트로 비난받는다. 공습으로 인한 팔레스타인 아이들의 죽음은 연합군에게 작전상 불가피한 부수적 피해collateral damage로 간주되지만 아랍인들에게는 잔혹한 학살 그 자체다.

저자들은 문화적 차이에 대한 둔감성도 큰 문제라고 지적한다. 부시 미 대통령은 연합군을 십자군으로 표현하면서 역사적 사명을 강조했지만 이슬람 주민들에게는 종교적 침탈과 억압의 기억만 되새겼을 뿐이다. 한마디로 이슬람 교리를 내세우며 전사를 끌어 모으는 탈레반을 도와주는, 전략적으로 불리한 수사에 불과했다. 연합군이 내세우는 '민주주의의 심화'가 이슬람 교리의 부정으로 들리는 이유도 여기에 있다.

더 중요한 것은 그들의 현실적 삶을 외면했다는 점이다. 아프가니스탄은 세계 최대의 양귀비 산지다. 수십 년간 전쟁의 포화로 성한 곳이 없는 곳이지만 양귀비 농사가 중단된 적은 없었다. 연합군의 입장에서는 마약 농사나 거래를 방관할 수가 없다. 하지만 먹고살 기반이 없는 상태에서 주민들의 양귀비 농사를 막는 것은, 모든 가능성이 차단된 젊은 남자들을 무장 반군의 길로 내모는 구조적 요인이 되어버린다.

역사적으로 지역 주민들의 마음을 얻지 못한 전쟁에서 승리한 경우는 매우 드물다. 연구 결과, 1800년 이후 군사적 강자가 약자에게 승리한 비율은 2대 1에 불과했다. 1790년대 이미 스페인 게릴라들은 당시 세계 최강이던 프랑스군을 물리쳤다. 반도 전쟁이 게릴라전의 기원으로 인정받는 이유다. 1950년 이후 인도차이나와 아프가니스탄은 강대국의 무덤이었다.

정보통신의 발전은 이러한 경향을 더욱 심화시킨다. 이제 단순히 군사력으로 전쟁을 하는 시대는 끝났다고 저자들은 강조한다. 물리적 충돌에 앞서 미디어전이 시작된다. 대표적인 사례가 1999년 세르비아 공습이다. 코소보에서의 인종청소를 막기 위해 나토 중심의 세르비아 공습이 시작됐고 결국 두어 달 만에 세르비아가 평화협상을 요청하면서 문제가 해결된 듯했다. 하지만 밀로셰비치 세르비아 대통령은 교활한 언론 장악과 선전을 통해 세르비아 주민들에게 자신들의 정당성을 효과적으로 전달했다. 공습으로 인한 민간 피해를 대대적으로 선전하고 교묘히 조작함으로써 국제 여론마저 자신들에게 유리하게 돌렸다.

나토군은 여기 제대로 대응하지 못했다. 적절하지 못한 여론전은 오히려 조작 논란을 일으켰다. 공습을 피해 도시를 이탈하는 주민들을 세르비아의 인종청소를 피해 도망치는 것으로 보도했다가 조작 논란에 휩싸인 것이다.

여론전에서 패한 미군

아프가니스탄에서도 마찬가지였다. 탈레반 반군은 AK 소총 옆에 노트북을 두고 전 세계를 대상으로 여론전을 펼친 반면 연합군은 이를 남의 일로만 봤다. 탈레반을 비롯한 무장 반군들의 여론전은 무엇보다 현지 주민과 무슬림을 대상으로 한다. 미군을 비롯한 연합군의 부당한 점령과 야만적 행위를 확대 과장함으로써 자신들의 투쟁이 왜 중요한지, 그리고 주민들이 왜 참전해야 하는지 끊임없이 설파했다.

맘루크 기병과 격렬히 싸우는 스페인 민중들. 당시 나폴레옹이 스페인 왕을 퇴위시키려 하자 시민들이 반란을 일으켰다. 이를 진압하기 위해 무어인으로 구성된 맘루크 기병을 출동시키면서 저항은 더욱 거칠어졌다. 프랑스 육군은 세계 최강의 전력에도 불구하고 스페인의 게릴라전을 진압하지 못하고 결국 패퇴하게 된다. 프란시스코 고야Francisco Goya, 「1808년 5월 2일The Second of May 1808」(1814). 266×345cm. 프라도미술관 소장.

저자들이 정리했듯이 전쟁의 특성이 변하고 있다. 여전히 군사적 승리를 무시할 수는 없지만, 여론전과 심리전에서 상대를 압도하지 않고는 전쟁의 승리를 기대할 수 없다. 아프가니스탄에서 연합군이 군사작전에 몰두한다면, 반군들은 심리전에 열중한다. 저자들에 따르면 이것이 바로 '비대칭' 전략의 본질이다.

그렇다면 왜 연합군은 여론전에 실패할까? 저자들은 반군 세력의 선전 능력을 부인하지 않는다. 대표적인 사례가 자살폭탄 예비 실행자들의 결의를 담은 동영상을 유포함으로써 서방 참전국들의 불안을 부추기고 이탈을 유도했던 일이다.

하지만 더욱 근본적인 이유는 대화를 합리적 소통 과정으로 이해하는 서구적 전통에 있다. 서구인들은 실증적 자료와 논리적 대화가 의사결정을 지배할 것이라고 기대한다. 그러나 현실은 전혀 그렇지 못하다. 문화적 편견과 상이한 동기 등 합리적 의사결정을 왜곡하는 수많은 요인이 상호작용하면서 전혀 예상하지 못했던 방향으로 상황이 전개되는 것이 현실이다.

현장 중심의 전략적 소통이 핵심

결국 주민의 마음을 얻기 위해서는 현장의 맥락을 정확하게 이해하고 누가, 어떻게 영향력을 행사하고 상호작용하는지를 파악해야 한다. 저자는 이를 위해 '전략적 소통' 역량을 키워야 한다고 강조한다. 그 핵심 과제는 사람들의 마음을 얻는 것이다. 본국의 국민이든 현지 주민이든 그들의 마음을 얻지 못한다면 아무리 월등한 군사력을 갖고 있어도 결국 승리하지 못한다는 게 저자들의 판단이다.

저자들은 미래전의 특성을 '불확실성'에서 찾는다. 전쟁의 역사가 말해주듯이 그 어떤 전쟁도 그것이 어떻게 전개될지 제대로 예측되지 못했다. 단 하나 확실한 것은 사람들의 마음과 동기를 이해해야 승리할 수 있다는 것이다. 그런 점에서 전략적 소통 역량은 군사전력의 일부가 아니라 핵심에 자리해야 한다. 그렇다면 이를 위해 무엇을 해야 할까. 우선 보다 철저한 교육과 연구가 선행되어야 하고, 더 많은 전문가들이 양성되어야 한다.

이 책의 가장 큰 매력은 물리력 중심의 군사적 사유를 뛰어넘는다는 것이다. 전략적 소통을 미래 전쟁의 본질로 간파하는 혜안이 돋보인다. 풍부한 사례와 이론적 논의가 저자들의 주장을 설득력 있게 전해주는 것도 장점이다.

지옥 같은 전쟁에서도 도덕적 잣대가 필요하다

마이클 월저 지음, 《마르스의 두 얼굴: 정당한 전쟁 부당한 전쟁》, 권영근·김덕현·이석구 옮김, 연경문화사, 2007년.

Michael Walzer, *Just and Unjust Wars: A Moral Argument with Historical Illustrations*, Basic Books, 1977.

예방적 선제공격은 언제나 가능한 것일까? 적의 공격을 막기 위해 민간인을 방패막이로 사용하는 것은 용납될 수 있을까? 효과의 측면에서 보면 가능한 선택일 수 있다. 그러나 이러한 선택이 정당화되기 위해서는 도덕적 조건이 충족되어야 한다. 지옥 같은 전쟁에서도 도덕적 잣대가 필요하다.

"사랑과 전쟁에서는 모든 것이 허용된다"는 유명한 격언이 있다. 사랑할 때는 모든 거짓이, 그리고 전시에는 모든 폭력이 허용된다는 의미다. 과연 그럴까? 그렇지 않다는 것을 누구나 알고 있다. 사랑의 과장은 애교로 봐줄 수도 있지만 거짓말은 용인될 수 없다. 아무리 사활이 걸린 전투라 해도 무고한 민간인을 학살하는 것은 전쟁범죄로 단죄된다.

마이클 월저 교수가 강조하는 것도 바로 이런 점이다. 비록 "법도 침묵을 지킨다는 전시"지만 해도 되는 행동과 하지 말아야 할 행동은 구분해야 한다. 승리를 추구해야 하지만 그렇다고 민간인을 학살하는 행위를 용납해서는 안 되는 이유도 여기에 있다.

그가 전쟁의 불가피한 폭력성을 부인하는 이상주의자인 것은 아니다. 그도 가용한 모든 방식을 동원하여 적을 살상해야 하는 폭력의 불가피성을 인정한다. '전쟁의 필연성'이라 불리는 이러한 현실을 인정하면서도 '도덕적 존재'로서 전쟁을 이겨낼 수 있도록 어떤 지침을 제공하는 것이 저자의 진정한 의도다. 도덕이 존재하지 않을 것 같은 전장에서도 도덕적 언어와 판단이 작동하고 있다는 의미다.

전쟁에서의 정당성

그의 논의를 이해하기 위해서는 우선 '전쟁의 정당성just of war'과 '전쟁에서의 정당성justice in war'을 구분해야 한다. 전쟁의 정당성은 전쟁을 벌여야 할 정당한 이유가 있는 경우다. 적이 침략할 때 총을 들고 싸우는 것은 정당한 일이다. 그에 비해 전쟁에서의 정당성은 교전 행위의 수단과 방법에 관한 것이다. 이를 구분하는 것은 정당한 전쟁이라고 해도 교전 과정의 부당한 행위는 용납되지 않는다는 의미를 담고 있다. 즉 침략한 적을 막기 위해 전력을 다해 싸워야 하지만, 그렇다고 모든 행위가 용납되는 것은 아니라는 말이다.

미국 남북전쟁 때 윌리엄 셔먼William Sherman 장군의 애틀랜타 방화가 좋은 사례다. 남부가 일으킨 전쟁이기 때문에 북군의 셔먼 장군은 자신이 어떤 일을 해도 무방하다고 판단했다. '우리 국가에 전쟁을 몰고 온 사람들은 받을 수 있는 모든 저주를 받아야 한다'고 생각했던 것이다. 이러한 무제한적 폭력은 극히 제한된 조건에서만 정당화될 수 있다. 그렇게 함으로써 극단적인 위기 상황에서 벗어날 수 있거나 결정적인 승리를 획득할 수 있다는 확신이 있어야 한다. 그렇지 않으면 강도들의 방화와 다를 바가 없다.

교전 상황에서 군인과 민간인이 뒤섞여 있을 경우 문제는 더욱 미묘해진다. 어떤 식의 공격이든 민간인의 피해가 예상되는 상황이라면 어떤 도덕적 선택이 가능할까. 첨단 무기를 사용하는 현대전에서도 민간인의 피해는 적지 않다. 민간인을 구분하는 것이 쉽지 않지만 최대한 민간인 피해를 최소화할 방안을 강구하는 것이 지휘관의 책임이다. 정확도가 떨어지는 공중 폭격보다는 정밀한 포격으로, 아니면 특수부대의 투입으로 전술적 문제를 해결하는 것이 더욱 필요한 일이라는 것이다.

민간인을 위한 희생

더 심각한 문제는 민간인의 군사적 역할에 대한 판단이 애매하다는 점이다. 전차를 생산하는 공장과 군복을 공급하는 공장 모두 공격 대상이 되어야 하는가? 구체적 상황에서 공격 가능한 대상을 분별하기는 어렵지만, 그럼에도 이를 구분하려는 노력이 중요하다. 예컨대 전차는 실제 전투에 사용되는 것이기 때문에 생산 공장과 노동자들은 공격 대상이 될 수 있다. 하지만 군복 자체는 전투 수행과 직접적 연관이 없기 때문에 가능하면 공격을 피해야 한다.

이런 상황에서 자주 거론되는 것이 '이중 효과'의 원칙이다. 이는 민간인은 절대 공격해서는 안 된다는 경고와 함께 합법적인 군사적 행위의 수행이 적절히 조화를 이루어야 한다는 도덕적 교리다. 시가전에서 건물 지하실에 적이 있는지 민간인이 있는지 모르는 상황이라면 어떻게 해야 할까? 그냥 수류탄을 던져야 할까? 아니면 민간인이 있을 경우에 대비해 최소한의 경고라도 해야 할까? 후자는 도덕적이지만 잠복한 적에게 공격받을 가능성을 감수해야 한다. 긍정적 효과(적의 제압)와 부정적 효과(민간인 피해)가 동시에 나타날 수 있는 상황에서 어떻게 해야 할까?

저자는 교전 상황에서 군인과 민간인의 차이를 설명하면서 도덕적 해법을 제시한다. 군인은 기본적으로 목숨의 위험을 무릅쓰고 전투에 투입된 사람들이다. 부상과 죽음의 위험을 감수하는 것이 그들의 임무다. 그렇기 때문에 민간인의 피해를 최소화하기 위해 경고 조치를 하는 것이 올바른 군인의 자세라는 것이다. 제2차 세계대전 당시 자유프랑스 공군이 위험을 무릅쓰고 최대한 저고도로 비행하며 폭격 임무를 수행한 것이나, 노르웨이의 베모르크 중수로 공장을 파괴하기 위해 민간인 희생이 예상되는 공중 폭격을 감행하기 전에 특수부대를 투입했던 이유도 여기에 있다.

이런 주장에는 전통적인 교전교리에 포함된 유용성과 비례성의 원리에 대한 암묵적 비판이 담겨 있다. 유용성이 폭력의 효과를 강조하는 기준이라면, 비례성은 상대의 폭력에 상응하는 폭력만을 행사해야 한다는 원리다. 그럴듯해 보이지만 결코 정당하지 못하다. 전술적으로 유용하다고 해서 민간인을 방패막이로 사용할 수는 없고, 적이 민간인을 학살한다고 해서 똑같이 민간인을 죽여서는 안 되는 것이다.

부당한 명령이 내려질 때

병사들에게 가장 어려운 상황은 부당한 명령이 내려질 때일 것이다. 전투의 전체적인 흐름을 모르는 상황에서 명령의 타당성을 확인하기 어렵다. 그럼에도 병사들은 명백하게 부당한 명령은 분별할 수 있다. 전투와는 아무런 상관도 없는 민간인을 사살하라는 명령이 그렇다. 대표적인 사례가 베트남 전쟁 중에 발생한 밀라이 양민 학살

사건이다. 중대장의 명령으로 일단의 미군들이 150여 명의 양민을 학살했다. 명령에 따른 병사들은 아무런 책임이 없는 것일까? 명령에 대한 절대복종을 신조로 삼아온 사람들은 지휘관의 명령에 복종한 병사들은 죄가 없다고 말할지 모른다.

그러나 저자는 그렇지 않다고 지적한다. 병사들에게는 부당한 명령을 거부하거나 회피할 자유가 있었기 때문이다. 사실 일부 병사들은 명령에 따르기를 거부하며, 다양한 방법으로 학살에 참가하지 않았다. 만약 그들이 명령 불복종의 대가로 즉결처분을 받을 상황이었다면 학살의 책임을 면할 수 있을 것이다. "자유롭게 결정할 수 있을수록 죄의 정도는 커진다"는 글렌 그레이Glenn Gray의 준칙이 중요한 이유도 여기에 있다.

다시 선제공격(혹은 예방전쟁)으로 돌아가보자. 어떤 조건에서 선제공격이 가능할까? 사악한 의도를 갖고 있다는 것으로 가능할까?(스페인 왕위 계승 전쟁) 혹은 시간이 갈수록 상황이 우리에게 더욱 열악해질 것이기 때문에 지금이라도 공격해야 하는 걸까?(일본의 하와이 공격) 북핵 위협에 노출된 우리에게는 어떤 선택이 가능할까? 저자는 6일 전쟁(1967)의 사례를 통해 전쟁의 위협과 정당한 두려움에 대해 언급한다. 객관적으로 전쟁의 위협이 존재하고 그에 대한 두려움이 심각할 때 군사력을 사용할 수 있다고 본다. 그러나 이런 간략한 설명에서 우리의 상황에 대한 명쾌한 지침을 발견할 수는 없다. 결국 답은 우리가 고민해야 한다.

이 책은 이외에도 전쟁의 도덕적 실상과 침략 이론, 전쟁 규약과 전쟁의 딜레마와 관련된 많은 도덕적 문제를 다루고 있다. 군과 관련된 도덕적 사유와 판단 능력을 쌓는 데 이보다 적절한 책도 없을 것이다. 적절한 사례를 중심으로 논의를 전개하기 때문에 매우 구체적이고 시사적이다. 지옥과 같은 전쟁에서도 도덕적 잣대가 필요하며, 이것이야말로 전략적 선택임을 잘 보여준다.

PART

6

전쟁의 역사

*

문제는 전쟁이 군대만이 아니라 국민의 전쟁으로 변하고 있는 시대 상황을 고려하지 못했다는 점이다. 독일군은 자신들이 지나간 공간에 끊임없는 게릴라전으로 새로운 전선을 만들었던 프랑스 레지스탕스와 소련 게릴라 부대의 전략적 중요성을 충분히 고려하지 못했다. 국민 전쟁으로서 현대 전쟁의 정치적 의미를 외면했던 것이다.

가장 불가사의한 전쟁

존 키건 지음, 《1차 세계대전사》, 조행복 옮김, 청어람미디어, 2009년.
John Keegan, *The First World War*, Knopf, 1999.

"제1차 세계대전은 비극적이고 불필요한 전쟁이었다." 20세기 최고의 군사사학자인 존 키건 교수는 이렇게 책을 시작한다. 전쟁이 비극적이라는 지적에 이견이 있을 수는 없다. 그러나 불필요한 전쟁이라고 말한 이유는 무엇일까?

한국인들에게 1차 대전은 남의 나라 이야기로 들린다. 우리의 역사와 만나는 지점이 없기 때문이다. 당시 조선은 일제 식민지였고 일본의 참전 역시 미미했다. 제국주의를 약화시키기 위해 우드로 윌슨 미국 대통령이 주창한 민족자결주의에서 3·1운동의 희미한 연관성을 발견할 따름이다.

그러나 이 전쟁이 조선의 운명을 가름한 제2차 세계대전의 직접적인 원인이 되었다. "200만 명의 독일인이 헛되이 쓰러졌을 리가 없다. 우리는 용서하지 않는다. 우리는 요구한다, 복수를!"이라고 외치며 독일을 장악한 아돌프 히틀러는 전선의 무명용사였다. 러시아의 사회주의 혁명 역시 1차 대전의 부산물이었다. 러시아 차르가 엄청난 전비를 낭비하며 수백만 명의 젊은이를 전장으로 내몰지 않았다면 혁명은 그리 쉽게 성공하지 못했을 것이다. 레닌을 러시아행 특별열차에 실어 보낸 것도 독일이었다. 역사의 경로가 달라졌다면, 이념대립, 전쟁, 그리고 분단의 상처로 고통받는 한반도의 역사 또한 다른 길을 걸었을 것이다.

최초의 세계대전

그런 점에서 1차 대전은 현대사의 궤적을 장식한 '대단한 전쟁'이었다. 주전장은 유럽이었지만 전쟁의 영향에서 벗어난 곳은 거의 없었다. 유럽에서는 서부전선과 동부전선이 수백만의 젊은 영혼을 집어삼키고 있었고, 아프리카 각지에서도 상대의 거점을 차지하기 위한 전투가 치열하게 벌어졌다. 대서양과 남태평양도 예외가 아니었다. 영국 연방의 캐나다, 호주, 뉴질랜드 역시 군대를 파견했다. 아시아에서도 영국과 동맹관계인 일본 해군이 독일 식민지들을 점령해

들어갔다. 고립주의를 택한 미국도 독일 U-보트의 무제한 공격에 분노하며 참전을 결정할 수밖에 없었다. 인류 문명사에서 처음으로 전 세계가 전쟁에 직간접적으로 뛰어든 것이다. 말 그대로 '모든 전쟁을 끝내기 위한 전쟁'이었다.

전쟁의 확대는 단지 전투 지역에만 국한된 것이 아니었다. 대부분의 젊은 남성이 징집됨으로써 공백이 생긴 노동력을 여성들이 빠르게 채워갔다. 군부에서도 주저 없이 여성 인력을 활용했다. 여성 참정권이 1차 대전 이후에 부여된 것도 전쟁 수행에 여성이 기여한 공로를 인정받았기 때문이다.

군주의 몰락

이러한 역사성에도 불구하고 키건 교수는 이 전쟁이 불필요한 전쟁이었다고 말한다. 역사교과서에서는 삼국동맹(독일-오스트리아-이탈리아)과 삼국연합(영국-프랑스-러시아) 간의 경쟁적 적대감이 전쟁 발발에 작용했다고 설명한다. 어느 한쪽이 공격받으면 반사적으로 동맹국이 개입하는 구조가 형성되어 있었기 때문에 쉽게 전쟁으로 비화될 수 있었다는 주장이다. 그러나 당시 유럽의 분위기는 그렇지 않았다. 저자가 언급했듯이, "1914년 여름의 유럽은 평화롭게 풍요를 누렸고, 그 풍요는 국제적 교류와 협력에 매우 크게 의존했기에 전면전이 불가능하다는 믿음은 가장 진부한 상식이었다." 게다가 주요 교전국은 사라예보의 총성에 그리 신경 쓰지 않았으며, 전쟁을 일으켜야 한다는 의지도 없었다. 영국이나 프랑스는 말할 것도 없고 독일의 황제나 러시아의 차르도 히틀러 같은 전쟁광이 아니었다. 그런 점에서 1차 대전은 꼭 필요한 전쟁이 아니었다.

키건 교수는 만약에 "신중함이나 공동의 선의가 제 목소리를 냈더라면 최초의 무력 충돌에 앞서 5주간의 위기 동안 어느 때에라도 대전의 발발로 이어졌던 사건들의 사슬을 끊을 수 있었다"고 주장한다. 많은 전문가들이 동의하는 부분이다.

그렇다면 문제는 왜 아무도 원하지 않는, 불필요한 전쟁이 일어났는가 하는 점이다. 여기에는 서로에 대한 불신, 위기 시 소통의 어려움, 전시 계획의 경직성, 그리고 군사적 우위에 대한 강박감이 상호작용을 했다. 오스트리아의 공격에 처한 세르비아를 도와주어야 한다는 러시아 슬라브 우월주의와 오스트리아-헝가리제국의 만형 노릇을 자임했던 독일 황제의 허풍이 맞물려 들어갔다. 의도하지 않은 결과가 역사의 운명이라면, 1차 대전의 발발만큼 아이러니한 운명을 보여주는 사례도 없을 것이다. 전후 질서에서 가장 뚜렷한 변화가 바로 독일 황제와 러시아 차르의 몰락이기 때문이다.

새로운 전쟁

전쟁의 전개 역시 발발만큼이나 어처구니없었다. 유럽의 군대는

서부전선의 참호를 지켜야 했던 병사들이 가장 기다리는 것은 후방으로의 순환 배치였다. 전선에 투입된 병사들은 일정 기간 후 후방으로 배치되어 휴식을 취할 수 있었다. 작가는 후방 안전지대로 이동하기 위해 대기하고 있는 작가의 부대원들을 있는 그대로 그림으로써 전쟁의 또 다른 일상을 보여준다. 에릭 케닝턴**Eric Kennington**, 「라벤티의 켄싱턴 대원들 **The Kenshingtons at Laventie**」(1915). 유리 뒷편 유화. 139.7×152.4cm. 영국 전쟁박물관 소장.

19세기 나폴레옹 시대의 정신세계에서 크게 벗어나지 못한 상태였다. 적극적 돌격 정신이 강조되었고 정신력이 무기를 압도한다는 생각이 군 지휘관을 지배했다. 그에 비해 무기의 살상력은 비약적으로 향상되었다. 야포와 기관총의 위력은 상상을 넘어서는 것이었다. 돌격 명령을 받은 보병들은 철조망으로 차단된 무인지대에서 적의 야포와 기관총의 제물이 되었다. 솜강 전투에서 첫날에만 5만 명의 영국군이 사라져버렸다. 1915년 4월부터 12월까지 터키 갈리폴리 전투에서 호주와 뉴질랜드 연합군의 손실은 26만 5000명이었고 터키군 또한 30만 명의 사상자를 냈다. 하지만 전선은 그대로였다. 전쟁 내내 드러난 사실이지만, 연합군은 적절히 준비되지 않았고 적에 대한 기본적인 정보도 없이 병사들을 사지로 내몰았다.

궁극적인 불가사의

그런 점에서 저자는 1차 대전을 '불가사의'한 일로 받아들인다. 그는 "대전의 원인도 불가사의였고 진행 과정도 그러했다"고 토로한다. "지적 성취와 문화적 업적이 절정에 달했을 때 그동안 얻은 모든 것과 세계에 제공했던 모든 것을 서로를 죽이는 사악한 충돌에 내맡긴 이유는 무엇일까? 전쟁이 발발한 지 몇 달 만에 분쟁을 신속하고도 결정적으로 해결할 수 있는 희망이 도처에서 실패로 돌아갔는데도 교전국들이 군사적 노력을 계속하고 총력전에 돌입했다. 결국 한

세대 젊은이들 전부를 실존적으로 무의미한 상호 간의 학살로 몰아넣었다. 이렇게 결정한 이유는 무엇인가?"

더욱 불가사의한 것은 병사들이다. "천편일률적으로 갈색 옷을 입은, 수백만 명에 달하는 무명의 병사들이 싸움을 지속하고 싸움의 목적을 인정할 수 있는 결의를 어떻게 발견할 수 있었는가?"

그는 그 대답을 전우애에서 찾는다. "참호 속에서 친밀하게 된 병사들은 그 어떤 우애보다도 더 강한 상호의존과 자기희생으로 결합했다. 이것이 제1차 세계대전의 궁극적인 불가사의다. 병사들의 증오는 물론 그 사랑까지도 이해할 수 있다면 인생의 불가사의를 좀 더 이해하게 될 것이다."

키건 교수는 전쟁을 문화사적 관점에서 바라본다. 전쟁을 군인의 문제라기보다 인간의 삶으로 이해하기 때문에 전투의 승패보다는 전장의 참혹한 상황을 이겨내야 했던 병사의 고통과 인내를 그들의 목소리로 들려준다. 전 세계에 걸쳐 전개된 광대한 전쟁의 흐름을 체계적으로 정리하는 거시적 관점을 유지하면서도 미시적 개인들의 시선을 놓지 않음으로써 전쟁에 대한 풍부한 이해를 가능하게 해주는 미덕을 갖고 있다. 군 지휘관들에게는 의도하지 않은 전쟁이 발발했던 아이러니를 이해하도록 하는 중요한 통찰을 준다는 점에서나, 새로운 전쟁에 대비되지 않은 지휘관이 얼마나 심각한 문제인지를 일깨워준다는 점에서 이 책은 참 좋은 역사교과서다.

군대가 만든 제국

시오노 나나미 지음, 《로마인 이야기》 1~15, 김석희 옮김, 한길사, 1995~2007년.

鹽野七生, ロマ人の物語 I-XV, 新潮社, 1992-2006.

휴가철에 읽을 가장 좋은 군사 고전은 무엇일까? 군사적 연관도 있어야 하지만 역사와 철학, 정치와 경제가 함께 어우러져 있는 인문학적 저술. 그리고 무엇보다 큰 부담 없이 쉽고 재미있게 읽을 책을 찾는다면 단연코《로마인 이야기》다.

이 책의 1권('로마는 하루아침에 이루어지지 않았다')이 처음 번역돼 나온 것이 1995년이었다. 첫 번째 책이 출판되자마자 한국의 서점가에 열풍이 몰아쳤다. 특이하게도 일반 독자보다는 정·재계에서부터 바람이 불기 시작했다. 2007년에 이 시리즈의 마지막인 15권

('로마 세계의 종언')이 발행될 때까지 열기는 지속됐다. 12년간 모두 15권으로 이루어진 대하 역사물에 이토록 열광한 적은 일찍이 없었다. 단순히 읽기 쉽고 재미있다는 장점만이 이유는 아닐 것이다. 무엇보다 국가 운영과 기업 경영에 필요한 빛나는 성찰이 담겨 있다는 점이 중요한 성공 요인이었다.

이 책은 기원전 753년 로물루스가 로마를 건국할 때부터 476년 서로마 제국이 멸망할 때까지 1300년에 걸친 로마 역사의 흥망성쇠를 간결하면서도 박진감 넘치는 필체로 다루고 있다. 시오노 나나미 여사의 문제의식은 어떻게 로마인이 그토록 위대한 제국과 문명을 일구었을까 하는 것이었다. 1권 서문에서 "지성에서는 그리스인보다 못하고, 체력에서는 켈트인이나 게르만인보다 못하고, 기술력에서는 에트루리아인보다 못하고, 경제력에서는 카르타고인보다 뒤떨어지는 민족인 로마인들이 어떻게 그토록 오랫동안 커다란 문명권을 형성하고 유지할 수 있었을까?"라고 질문하는 이유도 거기에 있다.

로마 문명의 조건

저자는 로마인이 갖고 있는 특유의 현실주의를 강조한다. 실사구시의 현실주의적 사유에서 다양한 민족들이 공존할 수 있는 관용정신과 개방성이 나오기 때문이다. 공동체를 위한 로마 시민들의 헌신 또한 빠뜨릴 수 없다. 여기에 로마 엘리트들의 탁월한 역량과 노블레스 오블리주 정신이 결합함으로써 대제국을 건설할 수 있었다. 그러나 이러한 개인적 헌신과 역량이 국가 시스템으로 통합되고 동기부여되지 않았다면 로마 제국도 그리 오래가지 못했을 것이다. 개인적 능력과 헌신을 공동체적 역량으로 조직화하고 지속시키는 국가 시스템이 작동했기 때문에 가능했던 일이다. 그런 점에서 국가 운영과 기업 경영을 책임진 이들이 이 책에 열광하는 이유는 충분하다.

그러나 우리가 잊지 말아야 할 사실은 로마 제국의 위대함은 로마 군단의 전쟁 수행 능력에서 나왔다는 점이다. 로마는 1300년간 수많은 전쟁을 치렀으며, 이를 통해 대제국을 건설했다. 전투에서 늘 이긴 것은 아니었지만 궁극적인 승리를 통해 평화를 이룩할 수 있었다. 그 반대로 외부의 적을 막아낼 능력을 상실했을 때 로마는 망했다. 우리가 로마 제국을 언급할 때마다 로마 군단을 떠올리는 이유도 거기에 있다. 로마 군단 없는 로마 제국을 상상할 수 없기 때문이다.

무엇보다 로마 군대는 '군복 입은 시민'이라는 그리스 세계의 시민군 전통을 유지했다. 외적의 침입이 있을 때 시민들은 자신의 비용으로 무장하고 전장으로 달려갔다. 페르시아나 이집트 전제군주의 징집병과 달리 시민군들은 자신의 가족과 고향을 지키기 위해 싸웠기 때문에 더욱 헌신적이고 탁월한 전투력을 발휘할 수 있었다.

로마 군단이 징집이든 모병이든 시민군 전통을 유지하는 동안은 로마 문명이 그 위대함을 자랑할 수 있었다. 그러나 로마군이 더 이상 시민군에 의존하지 못하고 게르만 용병을 운용하기 시작하면서 로마 제국도 흔들리게 된다. 용병을 운용하게 된 것은 시민군보다 비용이 덜 들었기 때문이다. 제국 후기 로마 위정자들은 시민군의 의미를 제대로 이해하지 못하고, 값싼 용병으로 대체 가능한 것으로 인식했다. 그 결과 자신들이 고용한 용병에 의해 로마 제국이 몰락하는 비극을 맞이한다.

전쟁, 군대, 정치의 상호작용

더욱 독특한 것은 군 경험을 존중하는 로마의 상무 전통이다. 로마 지도자들은 로마 군단에서 10년 이상 복무하며 지도자로서의 헌신성과 자질을 확인받아야 출세할 수 있었다. 호민관이나 집정관에 선출되려면 전장에서의 빛나는 공헌을 인정받아야 했다. 전장을 함께 누볐던 전우들의 전폭적인 지지야말로 어떤 것과도 비교할 수 없는 효과적인 정치적 기반이었던 셈이다.

이 책의 또 다른 미덕은 전쟁과 군대, 그리고 정치가 어떻게 상호작용하는지를 잘 보여준다는 것이다. 예컨대 기원전 2세기 그라쿠스 형제의 토지개혁은 토지소유에 기반한 시민군을 강화하기 위한 조치였다. 당시 로마 시민군은 일정한 재산이 있는 시민들을 대상으로 징집되었다. 그러다 빈번한 전쟁으로 소규모 토지소유 시민들이 몰락하면서 무산자가 늘고 징집 대상자가 줄어들게 됐다. 결국 군대를 확보하기 위해 징집 대상자의 재산 기준을 낮추면서 시민병 수준이 크칸나이 전투(기원전 216)에서 카르타고의 한니발 군대에 포위된 로마군은 전멸에 가까운 패배를 경험하게 된다. 이 전투에서 집정관 파울루스를 비롯해 두 명의 재무관, 29명의 장성급 지휘관, 그리고 80명의 원로원 의원급 인물을 포함해 7만여 명의 로마군이 목숨을 잃었다. 패배와 죽음의 공포가 휩쓰는 전장에서 파울루스는 도망치자는 부하의 제안을 거절하고 의연하게 죽음을 맞이한다. 존 트럼벌John Trumbull, 「파울루스의 죽음The Death of Aemilius Paullus」(1773). 62.23×88.42cm. 미국 예일대학교 소장.

게 떨어지고 연속적으로 패배를 맛보는 상황이었다. 구조적으로 시민들의 토지소유를 확대하지 않고서는 시민군의 수준을 올릴 수 없다고 판단했다. 로마가 토지개혁에 나설 수밖에 없었던 이유다.

그러나 결국 토지개혁이 실패로 끝나면서 로마는 사실상 징집제를 포기하고 자원병제로 전환하게 된다. 자원병인 만큼 훈련을 강화하고 규율을 확보할 수 있었기 때문에 강력한 전투력을 발휘하게 됐다. 재산상의 차이나 인종적 차별도 사라졌다. 오직 전투력 강화라는 목표에 따라 군대를 조직했다. 우리가 알고 있는 로마 군단은 사실상 마리우스의 개혁 이후 직업군으로 구성된 로마 군대를 일컫는다.

문제는 군단장과 충성스러운 지원병들 간의 사적 관계가 형성되기 시작했다는 점이다. 흔히 '군대의 사병화'로 불리는 이 현상은 결국 카이사르의 등장과 함께 로마 공화정의 몰락을 가져왔다. 군대조직의 변화가 정치적 격동의 물꼬를 튼 셈이다. 정치권력을 장악하기 위해 사병화된 군단을 이끌고 로마로 진군했던 인물이 카이사르다.

가장 혁신적인 군대의 나라

'군의 정치화'는 어떤 식으로든 로마 역사를 관통하는 문제였다. 아우구스투스에 의해 로마 제국이 본격적으로 등장한 이후에도 제국의 국경은 늘 불안했다. 팍스 로마나Pax Romana의 마지막 황제 아우렐리우스가 게르만과의 전쟁터를 떠나지 못한 것도 그런 이유였다. 북방의 국경이 불안한 만큼 로마 군단의 유지는 정치적 핵심 의제일 수밖에 없었다.

로마 제국은 인류 역사에서 가장 안정적인 시스템을 구축한 정치 공동체였다. 많은 연구자가 지적했듯이 로마는 관용 정신과 개방성으로 100개의 민족 단위를 통합해 대제국을 건설했다. 그러한 역사는 적어도 로마 군단이 있었기에 가능했다는 점에서 로마야말로 가장 혁신적인 군대의 나라가 아니었나 싶다.

물론《로마인 이야기》의 15권에는 말 그대로 수많은 로마인들의 이야기가 담겨 있다. 인간의 이야기에 주목하고 있다는 것도 큰 매력이다. 정치 공동체는 구조와 시스템에 의해 만들어진 것이지만, 궁극적으로 이러한 구조와 시스템을 만들어내고 운용하는 것은 사람들이기 때문이다. 그들의 삶과 생각, 실천이 만들어내는 역사를 간결하면서도 생생하게 보여준다는 점에서 탁월한 저술이 아닐 수 없다.

많은 전문가들은 이 책의 논조가 과도하게 현실주의적이거나 지도자 중심이라는 점에 비판적이다. 그리스에 대한 폄하나 민중에 대한 거부감 역시 도처에서 발견된다. 그럼에도 다행스러운 점은 전쟁사와 관련된 부분은 대부분 사료에 충실하기 때문에 작가의 상상력(픽션)이 그리 많이 개입되지 않았다는 것이다. 1000년도 더 지난 일들에 대해 객관적인 기술을 기대하는 것 자체가 비현실적이라는 점을 감안하고 읽는다면 로마 역사에 감추어진 지혜와 교훈을 배우는 데는 큰 문제가 없을 것이다.

전쟁과 사회의 상호작용

마이클 하워드 지음, 《유럽사 속의 전쟁》, 안두환 옮김, 글항아리, 2015년.

Michael Howard, *War in European History*, Oxford University Press, 1976.

전쟁을 다룬 역사책들은 무기 체계나 군사조직, 그리고 지휘관의 전략전술을 강조한다. 그러나 정작 전쟁이 수행되는 방식과 이를 가능하게 하는 사회적 조건에 대한 논의는 빈곤하다. 전쟁과 사회의 관계를 탐구해온 영국 원로 군사학자 마이클 하워드의 책에서 이에 관한 귀중한 성찰을 발견할 수 있을 것이다.

숨겨진 배경에 주목하기

마이클 하워드가 2009년판 서문에서도 밝혔듯이 "전쟁의 수행을 전쟁이 치러진 사회·문화·정치·경제적 배경으로부터 분리하고 추상화하는 것은 전쟁을 이해하는 데 본질적인 측면을 간과하는 것"이다. 아울러 "대부분의 사회가 끊임없이 휘말렸던 전쟁이 어떻게 해당 사회의 경제 및 정치 체제 그리고 종종 문화 전반을 바꾸어놓았는지를 파악하지 않고서는 그 사회의 발전 경로를 이해할 수 없다". 요컨대 '전쟁과 사회의 상호작용'을 제대로 파악하지 않고서는 올바른 역사 인식이 어렵다는 주장이다.

이러한 역사철학을 바탕으로 그는 지난 1000년간 유럽사 속의 전쟁을 크게 일곱 시기로 나누어 정리했다. 전쟁을 수행하는 주체의 관점에서, 유럽의 전쟁은 기사, 용병, 상인, 전문가, 혁명, 국민, 그리고 기술자들의 전쟁으로 나눌 수 있다. 이 책은 수많은 전투로 점철된 유럽 역사를 이렇게 범주화함으로써 전쟁과 사회의 관계를 일목요연하게 보여주는 미덕을 갖고 있다.

봉건제로 운영되던 중세 시대. 쇠미늘 갑옷을 걸치고 전투마를 탄 기사가 전장을 지배했다. 기사가 출전하기 위해서는 엄청난 비용이 들었다. 값비싼 갑옷과 무기, 그리고 말만으로 가능한 일이 아니었다. 무장을 도와줄 하인과 말을 돌볼 마부가 필요했다. "한 명의 기사는 마치 거대한 전차의 전차병처럼 여섯 명으로 구성된 한 팀, 즉 '랜스lance'로 확장"되었던 것이다.

비용이 많이 들어가는 만큼 전쟁을 통해 더 많은 이익을 남겨야 했다. 중세 전투에서 사로잡힌 기사를 죽이지 않은 것은 기독교적 양심에 따른 것이 아니었다. 어떤 노획물을 언제 취하고, 어떻게 배분할지, 어느 정도 몸값을 부를지, 또한 누가 이를 정당하게 요구할지를 결정하는 것은 중요한 문제였다. 한마디로 '전쟁의 상업화'였다. 기사들이 십자군에 뛰어든 이유가 종교적 열정만이 아닌 까닭도 여기에 있다. 장자상속권의 확대로 빈털터리로 전락할 수밖에 없는 다른 아들들은 자신의 땅을 얻기 위해 목숨을 건 모험의 길을 나선 것이다.

용병을 물리친 상비군

백년전쟁과 같이 오랫동안 계속된 전쟁은 기껏해야 1년에 60일 정도 복무 의무가 있는 기사들만으로는 수행할 수 없었다. 용병 사용이 일상화된 이유도 전쟁의 장기화·전문화와 연관되어 있다. 흥미로운 사실은 기존 기사들도 돈만 된다면 어디든 달려가는 '자유기사freelance'로 변질되기 시작했다는 점이다. 14세기 이탈리아 내전에 뛰어들었던 '방랑 용병들'은 백년전쟁이 만들어낸 흉측한 괴물이었다.

서로에 대한 극단적 적대감으로 불타올랐던 종교전쟁(16세기 중반~17세기 중반) 시기는 용병들의 황금기였다. 그들은 돈만 주면 누구라도 섬겼다. 독일 개신교도들이 기꺼이 스페인 혹은 프랑스 깃발 아래 구교도를 위해 싸웠다. 급여를 받지 못하면 인근 지역을 약탈하고 살육을 서슴지 않았다.

유럽에서 용병을 몰아낸 것은 상비군제도였다. 1648년 베스트팔렌 조약으로 종교전쟁이 종식되고 신대륙의 개발과 국제무역으로 유럽이 일찍이 경험하지 못했던 부를 쌓게 된다. 온 유럽을 불안하게 만들었던 용병 거지 떼를 진압하고 사회질서와 안정을 확보해줄 상비군 건설이 요구되었던 것은 당연한 이치다. 자신의 영토 내에서 주권적 지위를 누리게 된 군주들은 그러한 권능에 걸맞은 강력하고도 화려한 군대가 필요했다.

바로크의 화려함으로 대표되는 절대국가 시절, 군대는 왕실의 권능을 과시할 중요한 상징이요, 궁극적 해결책이었다. 문제는 상비군을 유지할 기금을 어떻게 확보하느냐였다. 식민지 경쟁이 치열해지면서 유럽인들에게 무역과 전쟁은 사실상 동의어로 이해되었다. 포르투갈과 스페인이 장악했던 세계 무역에 영국과 네덜란드 그리고 프랑스가 뛰어들면서 '상인들의 전쟁'이 벌어지게 된다.

상인들이 가져다준 기금으로 유럽의 왕실은 거대한 왕실의 군대를 탄생시켰다. 먹고살 것이 없어서 군대에 들어온 사병들은 혹독한 규율과 반복 훈련을 통해 일사불란한 상비군으로 변신했다.

황급히 모집된 프랑스 시민군이 오스트리아와 프로이센의 왕실 군대를 격파한 것은 시민군이 공유한 혁명의 열정과 헌신적 태도 덕분이었다. 나폴레옹이라는 천재적 전략가가 등장하기 전에 이미 프랑스 시민군은 발미 전투(1792)에서 반혁명 연합군을 격퇴함으로써 자유로운 시민들이 얼마나 잘 싸울 수 있는지를 보여주었다. 시민적 권리와 징집제, 그리고 관료제를 결합한 프랑스식 근대국가는 유럽의 모든 국가가 따라야 할 모범이 되었다.

군사적 민족주의의 비극

근대 유럽 체제의 한계는 국가 간의 경쟁 구도를 해소하지 못하고 더욱 심각한 군비경쟁으로 치달았다는 점에 있다. 근대국가와 함께 등장한 민족주의는 온 국민이 동원되는 총력전 체제를 가능하게 했다. 여기에 새로운 운송수단인 철도의 보급이 결정적이었다. 서너 달씩 걸리던 부대 이동은 수일에서 수십 시간으로 단축되었다. 1870년 독일은 이미 120만 명의 병력을 동원할 정도였다. 병력 동원이 가능하다면 다른 자원의 동원 역시 문제될 게 없었다.

그 비극적 귀결이 제1차 세계대전이다. 대포와 기관총 같은 대량 살상 무기의 등장, 철도 기반의 동원 체제, 그리고 민족주의적 열기가 결합하면서 1차 대전은 '대단한 전쟁'이 되어버렸다. 전쟁 소식에 "흥분한 군중은 유럽 주요 도시의 대로를 가득 메웠다". 전쟁을 향한 열광적 분위기가 유럽을 지배했던 것이다. 저자는 '군사적 민족주의'로 이를 개념화했다. 이런 상황에서 수십만의 목숨을 요구하는 소모전이 가능했던 것이다. 사회적 배경에 대한 설명이 없다면, 이러한 전략이 어떻게 감행될 수 있었는지 이해할 수 없다.

유럽 역사에서 전쟁이 어떻게, 왜 그렇게 수행되었는지, 그리고 어떤 사회적·정치적 영향을 미쳤는지 '개괄적으로' 이해하기에 이 책보다 좋은 책은 없다. 분량도 적당하고 매우 평이하게 쓰였기 때문에 하루 이틀이면 통독할 수 있다. 뛰어난 번역과 수많은 도판, 그리고 친절한 해제까지 누구나 한 번쯤 읽어야 할 역사책이 아닌가 한다.

군복과 무기는 왜 멋있어야 하는가

마틴 판 크레펠트 지음, 《전쟁본능》, 이동훈 옮김, 살림출판사, 2010년.
Martin van Creveld, *The Culture of War*, Presidio Press, 2008.

일본 사무라이들은 왜 거추장스러운 투구를 쓰고 전장에 나갈까? 누구나 알고 있듯이 투구와 갑옷은 자신을 보호하기 위한 것이다. 그러나 사무라이들의 투구를 보면 보호만이 목적이라고 보기 어렵다. 단순히 방어용이 아니라면 어떤 이유에서 그토록 이상한 형태의 투구를 쓰는 것일까?

전쟁의 본질은 승리다. 승리에 가장 중요한 것은 극단적 효율성과 합리성이다. 최적의 위치에서 최적의 무기로 공격해서 적을 분쇄해야 한다. 그 어떤 형식적인 의례나 장식도 불필요해 보인다. 갑옷이라 해도 최대한 움직임이 편해야 하고 거치적거리지 않아야 한다. 그래야 잘 싸울 수 있기 때문이다.

그러나 전쟁의 역사를 보면, 전투가 효율성과는 무관한 방향으로 발전해왔다는 것을 알 수 있다. 그 대표적인 것이 군복이다. 근대적인 국민군대가 도입된 18세기, 각 나라의 군복은 경쟁적으로 화려하고 복잡해졌다. 심지어 "당시 군복은 너무 꽉 끼어 병사들의 움직임을 제약했고, 심지어는 기병대원이 말에 올라탈 때도 지장을 느낄 정도였다"고 한다. 병사들을 더욱 힘들게 했던 것은 지금도 사관생도 제복에 흔적이 남아 있는 목받침이다. 당시 병사들은 목받침 군복을 입은 채 전투에 임했다. 나폴레옹 전쟁 때만 해도 대부분의 장교들은 전날 파티에서 입었던 것과 똑같은, 화려한 제복을 입고 싸웠다. 이렇게 불합리한 의복이나 장비가 필요했던 이유는 다분히 문화적인 것이었다. 그들은 그렇게 '폼' 잡고 싸우는 것을 당연하게 생각했다. 그래야 자신들의 신분과 권능을 보여줄 수 있다고 생각했던 것이다.

편하면서도 매력적이어야 한다

예루살렘 히브리대학의 역사학 교수인 크레펠트가 주목한 것도 바로 전쟁의 문화와 관련된 것이다.《보급전의 역사》를 통해 전쟁 수행에서 군수의 중요성을 알려준 군사사 전문가인 그가 이 책을 통해 이야기하고 싶었던 것은 군사적 효율성으로는 이해할 수 없는 전쟁의 진짜 모습이다.

다시 군복을 생각해보자. 군복이 위장에 뛰어나고 그냥 편해야 한다고만 생각하는 사람이 있을 수 있다. 그러나 군복이 가지는 전시적 효과를 생각한다면 전투적 효용성만 따질 수는 없다. 군복을 입은 군인이 어떻게 보일까 생각해야 한다. 우리 병사들의 늠름하고 멋진 모습을 보여줄 수 있어야 한다. "군복은 편한 동시에 매력적이어야" 하는 이유다. 위장 효과도 뛰어난 동시에 병사들의 몸매를 멋지게 보여야 한다. 멋진 군인의 모습에서 군대에 대한 신뢰도 커지기 때문이다.

복장이나 장식은 부대의 정체성과도 깊은 연관성이 있다. 2001년에 미 육군은 전 장병에게 검은 베레모를 쓰게 했다. 그러자 그전까지 유일하게 검은 베레모를 쓰고 있던 레인저 부대가 반발했다. 결국 레인저 부대는 베레모의 색깔을 사막색으로 바꾸는 것으로 자존심을 지켰다. 우리나라 해병대가 8각 모자와 붉은색 명찰을 고집하는 이유도 여기에 있다. 이러한 행동이 의례적으로 보이지만 강력한 부대로서의 정체성을 유지하는 데 도움이 되는 것은 말할 나위가 없다.

의례의 상징적 효과

무기 또한 마찬가지다. 무기가 화려하고 장식이 많으면 전투 시 운용에 문제가 많지만 대부분의 중세 기사들은 예술품에 가까운 무기를 실제로 사용했다. 외관은 무기의 실제적 효용만큼 중요하다. 미군이 운용하는 험비는 각진 박스처럼 생겼다. 심하게 말하면 쓰레기통을 두들겨서 모양을 낸 뒤에 바퀴를 달아놓은 듯한 모양이다. 하지만 이 못생긴 외모는 어디라도 달릴 수 있을 듯한 강력한 이미지를 선사한다. 공기역학적 효율이나 연비가 논란이 되고 있지만 험비가 주는 파워풀한 이미지를 대신할 전투 차량은 없다.

전쟁을 수행하는 방식도 다분히 문화적이다. 실용적 관점에서는, 기습만큼 효과적인 전투 방식이 없다. 하지만 인류 역사를 살펴보면 전쟁은 다양한 방식의 선전포고를 통해 시작되었다. 어떤 형식이건 의식을 거치지 않고 시작되는 전쟁이나 전투는 발견하기 어렵다. 전쟁에서 승리하기 위해 수단과 방법을 가리지 않아야 하지만, 그렇다고 규칙이 없는 것은 아니다. 문화적으로나 종교적으로 '해야 하는 것'과 '해서는 안 되는 것'을 구분한다. 병사들이 공유하는 모종의 교전규칙이 존재하는 것이다. 2차 대전 때 미군이 독일군과 일본군을 다르게 대우한 이유도 여기에 있다. 독일군은 유럽 문명의 일원으로 받아들인 반면, 기습 공격한 일본군은 야만적인 족속으로 간주했다. 19세기까지만 해도 도시가 함락되면 살상과 약탈, 강간이 일반적이었다. 크세노폰이 말했듯이 "패배자의 생명과 재산은 모두 승리자의 것"이었다. 그러나 현대전 사상 최악의 전투 끝에 함락된 베를린에서는 조직적인 약탈이 없었다. 수많은 강간과 강도 사건이 벌어지기는 했지만 조직적인 것은 아니었다. 문화적 변화를 겪은 것이다.

종전의 과정도 상징적이다. 무엇보다 전사자 처리에 신중했다. 그리스 사람들은 죽은 이를 그냥 내버려두면 인간도 동물과 다를 바가 없다고 생각했다. 전투에서 죽은 사람에게 예를 표하지 않은 사회는 거의 없었다. 설령 있다고 해도 그런 사회는 오래갈 수 없다는 것이 저자의 주장이다. 이러한 전통을 고수하고 있는 미군이 세계 최강으로 군림하고 있는 것도 이런 이유로 해석할 수 있다.

전쟁이 끝났을 때 승리를 축하하지 않는 국가는 없다. 이를 통해 살인이라는 극단적인 행위에 노출되었던 병사들을 사회적으로 인정하고 지지하는 것이다. 이 과정에서 병사들의 속죄 의식도 이루어진다. 피 묻은 군복을 벗은 다음 몸을 씻고 기도하는 등의 의식이다. 이를 통해 병사들은 심리적 안정을 찾고 정상적인 자아를 회복하게 된다. 그러나 속죄 과정이 늘 쉬운 것은 아니며, 아주 긴 시간이 필요할 수도 있다. 충분한 속죄와 상호 인정 과정을 거치지 않을 경우 외상후 스트레스 증후군이 나타나기 마련이다.

여성이라는 거울

저자에 따르면, 여성의 존재 역시 무시하지 못할 의미를 지니고 있다. 남성의 사냥이 여성의 인정을 받기 위한 치명적 행위였듯이, 전쟁 역시 남성의 명예와 용기를 과시하는 중요한 과정이었다. 전투가

브레다시를 봉쇄(1625)한 스페인 군대에 항복하는 네덜란드군의 모습. 브레다를 사수했던 네덜란드 지휘관 유스티노가 스페인의 암브로시오 장군에게 도시의 열쇠를 전달함으로써 항복 의식을 진행하고 있다. 인류 역사에서 전쟁은 개전에서 종전에 이르기까지 모종의 의례를 통해 진행되었다. 디에고 벨라스케스Diego Velazquez, 「브레다의 항복La rendición de Breda」(1634~1635). 캔버스 유화. 307×367cm. 스페인 프라도미술관 소장.

치명적일수록 참전 용사의 무훈은 빛나게 마련이다. "여자들은 남자들을 실제보다 두 배는 더 커 보이게 하는 신비로운 마력의 확대경 역할을 해왔다"는 버지니아 울프의 말은 전쟁에서 여성의 의미를 잘 보여준다. "그런 마력이 없었더라면, 우리가 치른 전쟁의 영광도 잊혔을 것이다. 거칠고 영웅적인 행위를 비추는 거울로서 우리 여자들의 존재는 필수적이었다." 울프는 덧붙였다. 남자들이 전쟁 문화를 발전시켜온 가장 중요한 이유 가운데 하나는 뛰어난 무공으로 여성을 감동시키기 위해서였다.

저자가 전쟁 문화를 분석하여 전쟁의 진짜 모습을 보여주려고 하는 데는 진짜 이유가 있다. 바로 올바른 전쟁 문화를 갖고 있어야 한다는 취지에서다. 문화적 측면에서 전쟁은 단순히 정책적 도구로서만 의미가 있는 것이 아니다. 우리 삶이 문화적이듯이 전쟁은 인류의 문화적 본능 가운데 하나다. "평화를 원한다면 전쟁을 준비해야 한다"는 격언이 옳다면, 전쟁에서 이기기 위해서는 전쟁을 더 잘 이해해야 한다는 주장 또한 옳을 것이다.

그런 점에서 《전쟁의 문화》는 전략전술에 가려진 전쟁의 진짜 모습을 잘 드러낸다. 승리의 비법을 보여주지는 않지만, 전쟁 문화에 대한 사회적 인정이 얼마나 중요한지는 잘 보여준다. 군복 입은 군인들이 존중받고 대우받지 못하는 사회, 싸울 의지가 없는 사회가 얼마나 취약한지를 일깨워주는 데는 모자람이 없다. 분량은 좀 많지만 재미난 일화로 가득한 책이라 술술 읽히는 장점이 있다.

경이로운 승리, 갑작스러운 패배

게하르트 P. 그로스 지음, 《독일군의 신화와 진실: 총참모부 작전적 사고의 역사, 헬무트 폰 몰트케부터 아돌프 호이징어까지》, 진중근 옮김, 길찾기, 2016년.

von Gerhard P. Groß, *Mythos und Wirklichkeit, Die Geschichte des operativen Denkens im deutschen Heer von Moltke d. A. bis Heusinger*, Ferdinand Schoningh, 2012.

제2차 세계대전 개전 초에 독일이 스칸디나비아반도에서 프랑스까지 점령하는 데 걸린 시간은 두 달 남짓이었다. 그러니 누구도 몇 년 뒤에 독일군이 무조건 항복하리라고는 상상하지 못했다. 세계를 경악시켰던 최강 독일군의 비밀과 한계는 무엇일까?

20세기 초 세계 최강의 군대는 독일군이었다. 30년 간격을 두고 두 차례의 세계대전을 일으킬 정도로 자신감이 컸다. 특히 2차 대전

1870년 프랑스-프로이센 전쟁에서 독일 참모장 몰트케는 철도를 이용한 신속한 병력 이동과 기습 포위를 통해 프랑스군을 굴복시킴으로써 작전적 사고의 모범을 보였다. 그림은 스당 전투의 시가전에서 마지막 탄창이 떨어질 때까지 싸우는 프랑스군의 영웅적 투혼을 사실주의 화법으로 보여주고 있다. 알퐁스 드 뇌빌Alphonse de Neuville, 「마지막 탄창Les Dernières Cartouches」(1873). 109×165cm. 프랑스 오르세미술관 소장.

에서는 개전 초에 기갑부대를 중심으로 하는 '전격전'을 전개하며 양적 우위에 있던 프랑스군을 단 40일 만에 무너뜨리는 경이로운 승리를 기록했다. 바르바로사 작전(1941)으로 명명된 대소전쟁 초기에도 질풍같이 소련군을 몰아붙이며 4~5개월 내에 전쟁을 끝낼 수 있을 것이라는 전망이 널리 퍼졌다.

독일의 지정학적 상황

독일 연방군 군사사연구소에서 독일 전쟁사를 연구하고 있는 그로스 박사는 독일군이 보여주었던 경이로운 승리와 갑작스러운 패배의 원인을 '작전적 사고'의 전개 과정으로 설명한다. 저자에 따르면 전격전이 가능했던 이유는 독일 군부가 발전시켜온 작전적 사고와 밀접한 연관이 있다는 것이다. 독일은 19세기 중반 이후 자신들의 지정학적 위치로 인해 프랑스와 러시아를 상대로 양면 전쟁을 치러서 승리해야 한다는 강박관념을 갖고 있었다. 인적으로나 물적으로 열세였던 독일이 양면 전쟁에서 승리할 유일한 방법은 한 나라(프랑스)를 먼저 섬멸한 다음 신속히 반대쪽으로 기동하여 다른 나라(러시아)를 격퇴하는 것이었다. 여기서 섬멸은 적의 주력을 무력화시키는 것이었다. 이것이 가능하려면 대규모 우회 기동을 통해 적을 포위해야 한다. 소위 '슐리펜의 계획Schlieffen plan'이라 불리는 작전 계획이다.

그런데 작전적 사고의 전제조건은 대규모 전력의 신속한 이동이다. 19세기 중반 독일의 작전적 사고의 토대를 만들었던 헬무트 몰트케Helmuth Kari Barnhard Moltke 총참모장은 1870년 13일 만에 약 51만 명의 병력과 약 16만 필의 군마, 그리고 1400문의 야포를 화차에 실어 작전 지역까지 전개시켰다. 그는 부대 이동에 여러 갈래의 길과 철도를 이용하되 전투에 앞서 전력을 결집하는 '분진합격分進合擊'의 고전적 사례를 쾨니히그레츠(1866)와 스당(1870)에서 연출해 보였다. 몰트케는 상대적으로 열세인 전력에도 불구하고 공간과 시간의 이상적 결합을 통해 국지전에서 압도적으로 우위인 전력을 투사함으로써 승리를 획득할 수 있다는 것을 보여줬다.

이러한 군사전략은 공세적 작전과 아울러 전장에서 발생하는 예상 밖의 '마찰'들에 탄력적이고도 신속하게 대응할 수 있는 지휘관의 결단과 자율성도 강조했다. '임무형 지휘' 개념이 중시되는 이유다. 이들 지휘관들은 오랜 기간 평시와 전시의 전술적·작전적 수준의 지휘에 관한 체계적인 이론 교육과 실습 교육을 통해 자타가 공인하는 세계 최고의 군 지휘관으로 성장했던 것이다.

군사적 승리에만 집착

전격전이란 이름으로 신화가 된 독일군의 전투 방식은 기본적으로 기습, 공세, 신속 기동, 분집 합격, 양익 포위, 주도권 장악, 섬멸 등을 핵심 내용으로 하는 작전적 사고에서 도출됐다. 제1차 세계대전에서 실패한 것은 전격전을 실행할 만한 수송수단을 확보하지 못했기 때문이었다. 2차 대전에서는 전차와 차량을 동력으로 하는 기갑사단과 차량화 부대의 등장으로 이전과는 비교할 수 없는 기동력이 확보되었다.

이런 점에서 전격전의 전과는 히틀러의 공헌이라기보다 독일의 작전적 사고가 전차와 차량, 항공기와 같은 새로운 운송수단과 결합하면서 그 전략적 가능성이 최고도로 발현된 덕분이라고 할 수 있다. 그런 점에서 전격전은 "인적·물적 열세를 극복하기 위해 속도와 기동성에 승부를 걸었던 독일군의 고전적인 작전적 사고와 완전히 합치되는 개념이었다"고 설명한다.

그렇다면 이러한 초기 전과에도 불구하고 독일군이 몰락할 수밖에 없었던 이유는 무엇일까. 저자는 독일 군부의 작전적 사고가 전술과 전략을 연결하는 대단히 유용한 개념이라는 점은 인정한다. 하지만 독일 군부가 군사적 승리에만 집착함으로써 전쟁 수행과 관련된 다른 요소를 경시하는 오류를 범했다고 지적한다.

작전적 사고의 아버지인 몰트케는 전쟁을 선포하고 전략적 목표를 정하는 것은 정치의 영역이지만 일단 전쟁이 시작되면 그 수행은 군인에게 맡겨야 한다고 생각했다. 그는 전쟁의 목표는 적의 주력을 섬멸하는 것이라고 여겼다. 심지어 정치적인 사활의 문제까지도 군사적으로 해결할 수 있다고 믿었다. 이러한 군사 만능적 사고는 작전적·전술적 우위만 믿고 전쟁을 일으키는 결정적 잘못으로 이어졌다. 독일이 두 차례의 세계대전을 도발한 이유도 여기에 있다.

작전적 사고의 한계

독일의 과도한 자신감은 보급 문제를 등한시하게 만든 주요인이었다. 히틀러를 비롯한 독일 군부는 길어야 20주면 소련을 굴복시킬 수 있을 것으로 생각했다. 6월 초에 소련으로 진격한 독일군은 동계 복장조차 준비하지 않았다. 타이어를 비롯한 각종 보급품 역시 절대적으로 부족했다. 연말이 되어가자 160여 개 사단 가운데 제대로 방어와 공격을 수행할 수 있는 부대는 10여 개에 불과했다.

더 큰 문제는 전쟁이 군대만이 아니라 국민의 전쟁으로 변하고 있는 시대 상황을 고려하지 못했다는 점이다. 독일군은 자신들이 지나간 공간에 끊임없는 게릴라전으로 새로운 전선을 만들었던 프랑스 레지스탕스와 소련 게릴라 부대의 전략적 중요성을 충분히 고려하지 못했다. 국민 전쟁으로서 현대 전쟁의 정치적 의미를 외면했던 것이다.

이 책의 장점은 작전적 사고의 발전 과정과 한계를 잘 드러내고 있다는 점이다. 지금까지는 독일이 패전한 원인을 히틀러와 같은 독재자의 군사적 모험주의와 독선으로 돌림으로써 작전적 사고의 실패는 제대로 고찰되지 못했다. 이 책은 작전적 사고의 탁월함을 외면하지 않으면서도 그 결정적 한계를 읽어냄으로써 보다 수준 높은 전략적 사유의 길을 열어간다. 분량이 조금 많지만 훌륭한 번역으로 쉽게 읽힌다.

붉은 군대의 진화

데이비드 글랜츠 외 지음, 《독소전쟁사 1941~1945: 붉은 군대는 어떻게 히틀러를 막았는가》, 권동승·남창우·윤시원 옮김, 열린책들, 2007년.

David M. Glantz and Jonathan M. House, *When Titans Clashed: How the Red Army Stopped Hitler*, University Press of Kansas, 1995.

붉은 군대는 어떻게 히틀러를 막아냈을까? 서부 유럽을 장악한 독일군이 소련 국경을 넘은 것은 1941년 6월 22일이었다. 그리고 1000킬로미터를 달려 11월에는 모스크바 문턱까지 진격했다. 소련은 붕괴 직전이었다. 소련 지도자 스탈린이 항복을 고민했을 정도였다.

우리가 기억하는 제2차 세계대전은 노르망디 상륙작전과 이후의 프랑스 탈환 전투로 표상화되어 있다. 스티븐 스필버그 감독의 〈라이언 일병 구하기〉나 〈밴드 오브 브라더스〉가 대표적인 영상물이다. 그 어디에도 소련의 붉은 군대는 등장하지 않는다. 냉전 시대의 편협함이 역사상 가장 참혹한 전투였던 독소전쟁의 기억을 지워버린 것이다.

그러나 많은 전문가들은 2차 대전에서 연합군이 승리할 수 있었던 것은 동부전선에서 소련군이 잘 싸워주었기 때문이라고 말한다. 1941년 6월부터 전쟁이 끝나는 1945년 5월까지 소련군은 2900만 명의 희생을 무릅쓰고 전선을 지켰고 끝내 독일군을 패퇴시켰다. 1940년 6월 덩케르크에서 철수했던 연합군이 다시 서부전선(노르망디)에 돌아온 것은 1944년 6월이었다. 그사이 전쟁은 독일과 소련 간의 지독한 소모전으로 전개되었다. 결국 500만의 독일군 주력을 섬멸하고 동부 유럽과 베를린을 먼저 점령한 것은 소련의 붉은 군대였다. 독일군의 전체 사상자 1350만 명 가운데 1070만 명 이상이 동부전선에서 발생했다는 것이 이를 잘 보여준다.

독소전쟁에 대해 알고 있다고 해도 소련군이 어떻게 독일군을 물리칠 수 있었는지에 대해서는 아는 사람이 별로 없다. 많은 사람들은 독일군이 러시아의 겨울을 이겨내지 못했을 것으로만 생각한다. 독일군의 보급 실패를 고려하면 틀린 이야기는 아니다. 히틀러의 잘못된 판단과 독선을 강조하기도 한다. 독일군이 전략적으로 집중했더라면 더 좋은 결과가 나왔을 것이다. 소련의 방대한 인적·물적 자원 역시 끝없는 소모전을 버텨낼 수 있는 토대였다. 2000만 명의 희생을 감당할 수 있는 나라는 세상에 많지 않기 때문이다.

기밀 해제된 소련 자료 활용

저자인 데이비드 글랜츠와 조너선 하우스는 이런 요소들을 무시하지 않지만, 군사전략적 관점에서 소련군의 승리를 설명하고자 한다. 아무리 방대한 인적·물적 자원이 공급된다고 해도 효과적으로 운용하지 못한다면 전략적으로 별다른 효과가 없기 때문이다. 이러한 연구가 가능했던 것은 1990년대 이후 소련의 개방으로 일부 소련 측 문헌들이 기밀 해제되면서부터다. 당시 소련군을 지휘했던 스탈린이나 군 지휘부들의 생생한 목소리를 통해 소련군의 전략전술을 재구성할 수 있게 되었기 때문이다.

개전 초기 소련군은 무력하기 이를 데 없었다. 국경 부대의 필수적인 대비태세가 갖추어지지 않았다. 스탈린은 독일이 영국을 점령하기 전까지는 침공이 없을 것이라 예단했다. 독일이 침공할 거란 정보가 올라왔지만 무시했다. 총참모부가 3년간 방어계획을 발전시켜 왔지만 소련군의 배치와 훈련·장비는 전반적으로 열악했다.

전쟁의 흐름이 바뀌다

이런 소련군이 12월 반격을 통해 전쟁의 흐름을 완전히 바꿔놓게 된다. 저자의 표현처럼 "독일군과 붉은 군대는 난타전 끝에 녹초가 된 권투 선수같이 간신히 버티고는 있었지만 상대방에게 결정타를 날릴 힘을 소진해버렸다". 그러나 독일군이 더욱 불리했다. 소련의 동장군이 위력을 발휘하기 시작했고 모스크바 방어선 또한 이전과 달리 매우 견고해졌다. 거기에 고질적인 보급 문제가 독일군의 발목을 잡았다.

한편 소련이 모스크바 방어전에 몰입해 있는 상황에서 독일군은 남부 유럽 발칸반도와 우크라이나를 잠식해 들어갔다. 1942년 10월에는 스탈린그라드를 장악할 수 있을 것으로 예상되었다. 스탈린그라드가 함락될 경우, 독일군은 북쪽으로 올라가 모스크바를 협공할 수 있었다. 그러나 독일군의 진격은 여기서 끝났다.

저자는 수많은 재앙에도 불구하고 소련 체제가 붕괴되지 않은 것은 '기적' 같은 일이라고 말한다. 소련은 국민과 군대의 엄청난 희생에 힘입어 가까스로 생존할 수 있었다. 소련은 이 과정에서 많은 교훈을 얻고 독일군을 격퇴할 역량을 쌓았다.

무엇보다 소련군은 독일군에 맞서면서 그들과 싸우는 법을 많이 배우게 되었다. 그리고 12월 반격에서 집중공격을 통한 돌파 전술을 선보이게 된다. 1942년 1월 '전선군 명령'을 통해 특정 지점의 조기 돌파를 위한 병력 집중, 기만 계획, 포병 전력의 집결과 3단계 포격, 돌파 단계에서 공군의 근접 화력 지원 등을 명시했다. 이러한 교리는 이전 소련의 전술 원칙과 기술이 되살아난 것인 동시에, 변화된 전투 상황을 반영한 것이었다.

기동, 기습, 선제공격의 중요성은 더욱 강조됐다. 모두 독일군이 강조했던 것들이다. 1944년 교리에는 "기동은 성공을 위해 가장 중요한 요건이다. 기동은 가장 유리한 병력 배치를 위한 병력의 조직화된 움직임이고, 병력 배치는 시간과 공간을 얻기 위해 적에게 일격을 가하기에 가장 유리한 지점에서 이루어져야 한다"고 명시되어 있다.

1942년 11월 스탈린그라드의 독일군을 포위했던 천왕성 작전은 양익 기동을 통한 포위전의 고전이라 할 만하다. 소련은 스탈린그라드를 공격하던 독일 제6군을 포위 섬멸함으로써 반전의 계기를 만들었다. 집중 돌파와 기동 협격을 통해 일주일 만에 100킬로미터가 넘는 포위망을 구축하고 독일군 33만 명을 가두는 데 성공했다.

실패를 딛고 성장하다

소련군은 기만술에도 뛰어난 능력을 발휘했다. 기만 기동이나 예비전력을 숨겨둠으로써 어디로 공격할지 제대로 판단하지 못하게 했다. 대표적인 것이 독일 중부집단군을 궤멸시킨 바그라티온 작전(1944년 6월~10월)이다. 소련은 여러 가지 기만술로 북쪽과 남쪽에서

비행기의 폭격으로 폐허가 된 도시와 철근 구조물, 핏빛 대지, 인간적 감정을 느낄 수 없는 전장의 분위기. 이 모두가 '인간의 전쟁'에서 '기계의 전쟁'으로 변해버린 제2차 세계대전의 본질을 보여준다. 페르낭 레제Fernand Léger, 「스탈린그라드 전투」(1950). 석판화에 구아슈로 채색. 375×425mm. 프랑스 페르낭레제미술관 소장.

주공세를 펼칠 것처럼 독일 측을 속였다. 독일은 주력을 남북으로 돌렸고, 소련군의 공세가 시작되었을 때 중부집단군은 빈껍데기에 불과했다. 전술적 차원에서도 마찬가지다. 독일 측의 문서는 소련군이 얼마나 기만술에 능한지, 예상치 못한 좁은 면에 모든 가용한 병력을 얼마나 능수능란하게 집중시키는지를 잘 보여준다.

지휘 방식에 있어서도 독일과 소련은 다른 길을 걸었다. 개전 초에 독일군은 임무형 전술에 입각했기에 지휘관의 독창성이 발휘될 공간이 많았다. 독일군의 전승 행진도 그에 따른 것이었다. 그러나 히틀러의 개입이 늘면서 점차 경직되었고 장군들 간의 불화가 깊어갔다. 오판과 무리수의 연속이었다. 그에 비해 스탈린은 개전 초기에 전횡을 휘둘렀지만 이후 전쟁이 전개되는 과정에서는 장군들을 직업적 전문가로 신뢰하기 시작했다. 여전히 최종 결정자는 스탈린이었지만 전선군 사령관들이 작전 수행의 자율성을 행사함으로써 더욱 강력한 군대로 거듭날 수 있었다.

과거가 오래된 미래라고 한다면 전쟁은 하나의 학습 과정이다. 실패로부터 교훈을 얻고 상대적 우세전술과 능력을 구축해가는 과정의 결과로서 승리가 가능하다는 것을 독소전쟁은 잘 보여준다. 소련의 교리가 북한군에 그대로 전승되었다는 점을 감안하면 더욱 깊은 연구와 검토가 필요하지 않을까 한다. 개별 전투 지도가 없는 것이 아쉽긴 하지만 깔끔한 번역으로 읽는 데는 불편함이 없다. 역자들에게 감사할 따름이다.

전쟁이라는 세계

초판 1쇄 인쇄 2021년 4월 22일
초판 1쇄 발행 2021년 4월 30일

지은이 최영진
펴낸이 이상훈
편집인 김수영
본부장 정진항
인문사회팀 권순범 김경훈
마케팅 천용호 조재성 박신영 성은미 조은별
경영지원 정혜진 이송이

펴낸곳 (주)한겨레엔 www.hanibook.co.kr
등록 2006년 1월 4일 제313-2006-00003호
주소 서울시 마포구 창전로 70(신수동) 화수목빌딩 5층
전화 02-6383-1602~3 팩스 02-6383-1610
대표메일 book@hanibook.co.kr

ISBN 979-11-6040-479-1 03390

• 책값은 뒤표지에 있습니다.
• 파본은 구입하신 서점에서 바꾸어 드립니다.